图1　患胃肠炎腹泻仔猪

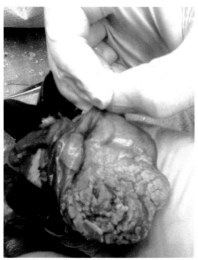

图2　胃内疑乳块

图3　肠系膜淋巴结肿胀

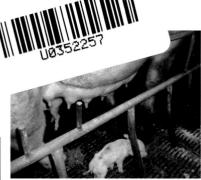

图4　患胃肠炎仔猪水样腹泻

图5　患流行性
腹泻仔猪

1

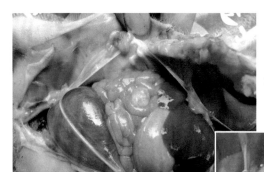

图6 肠系膜
淋巴结水肿

图7 轮状病毒性腹泻时
空肠及回肠的病变

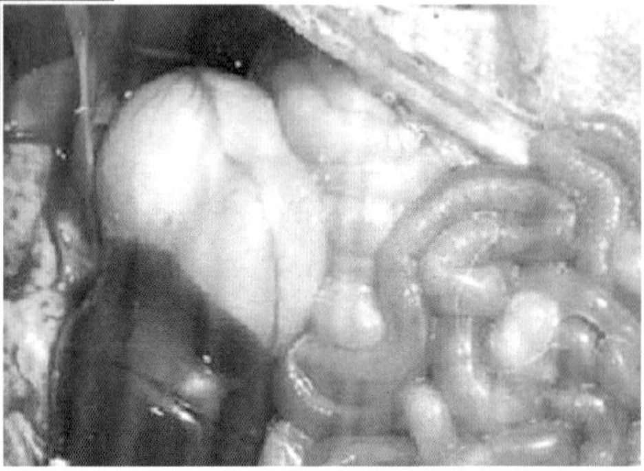

图8 博卡病毒肠系膜
淋巴结肿胀

图9 圆环病毒肾
盂组织水肿

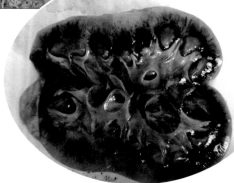

图 10　患黄痢仔猪

图 11　患白痢
仔猪粪便

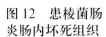

图 12　患棱菌肠
炎肠内坏死组织

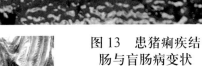

图 13　患猪痢疾结
肠与盲肠病变状

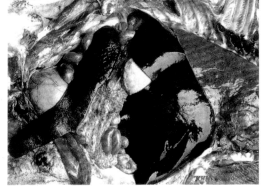

图 14　患副伤寒
肝病状

3

图 15 患球虫病仔
猪粪便呈黄白色

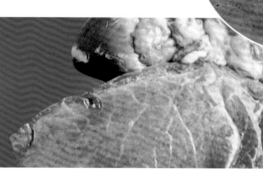

图 16 仔猪蛔虫病虫体

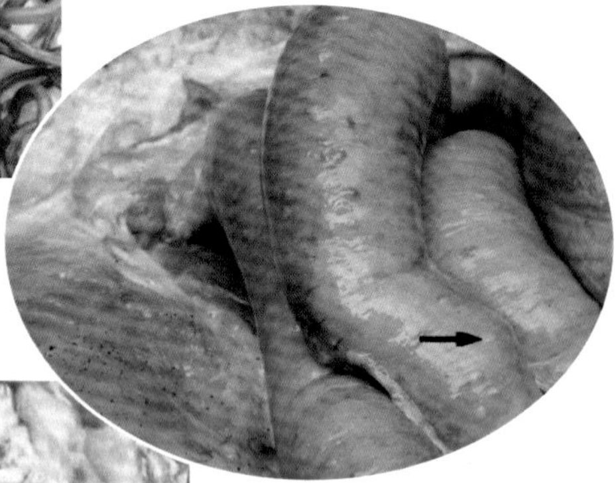

图 17 患结节虫病
肠黏膜呈结节状

图 18 患类圆线虫病肺部
充血、出血状

图 19 患鞭虫病寄
生在大肠的虫体

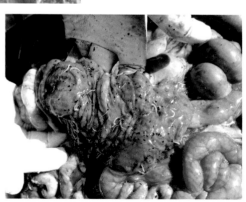

4

仔猪腹泻性疾病防治技术

主　编

胡雄贵

编著者

胡雄贵　龚泽修

肖定福　杜丽飞

金盾出版社

内 容 提 要

本书由湖南省农业科学院和湖南农业大学专家编著。内容包括:仔猪腹泻性疾病防治技术概述,仔猪生长发育和生理特点,仔猪非传染性腹泻,仔猪病毒性腹泻,仔猪细菌性腹泻,仔猪寄生虫性腹泻共6章。本书内容丰富,通俗易懂,技术实用,可操作性强,适合猪场管理人员、技术员阅读,亦可供有关院校相关专业师生阅读参考。

图书在版编目(CIP)数据

仔猪腹泻性疾病防治技术/胡雄贵主编 · —北京:金盾出版社,2015.5(2017.1重印)
ISBN 978-7-5186-0095-3

Ⅰ.①仔⋯　Ⅱ.①胡⋯　Ⅲ.①仔猪—猪病—腹泻—防治　Ⅳ.①S858.28

中国版本图书馆 CIP 数据核字(2015)第 034015 号

金盾出版社出版、总发行
北京太平路 5 号(地铁万寿路站往南)
邮政编码:100036　电话:68214039　83219215
传真:68276683　网址:www.jdcbs.cn
北京四环科技印刷厂印刷、装订
各地新华书店经销
开本:850×1168 1/32　印张:3.5　彩页:4　字数:60 千字
2017 年 1 月第 1 版第 2 次印刷
印数:4 001~7 000 册　定价:10.00 元
(凡购买金盾出版社的图书,如有缺页、
倒页、脱页者,本社发行部负责调换)

目 录

第一章　概　述

第一节　仔猪腹泻的概念和发病原因

一、仔猪腹泻的概念

仔猪腹泻是指仔猪排便次数明显超过平日习惯的频率,粪质稀薄,水分增加,或含未消化食物、脓血和黏液。腹泻常伴有排便急迫感、肛门不适、失禁等症状,是当前规模化养猪生产条件下的一种多因素性疾病,也是生猪养殖过程中的一种常见病、多发病,是造成仔猪死亡的主要疾病之一。临床表现为黄白痢或排水样稀便、消瘦、被毛粗乱、精神委靡,最后因脱水死亡。

腹泻本身其实是机体的保护性反应,初期轻度的腹泻对机体有一定的好处,能够及时排出消化道内的有害物质,如毒素、病原微生物等。但是,严重而持续的腹泻,不仅能引起消化功能障碍,使机体发生全身性营养不良,还会导致脱水、酸中毒、内分泌失调、血糖降低,引起严重危害。因此,止泻要适时,过早地止泻会使毒物无法及时排出,再加上消化道内容物发酵、腐败产生的有害物质的积累,从而导致更加严重的全身症状。腹泻仅是外观表征,病因很复杂,临床上发现腹泻后,必须综合分析,辨证施治,充分考虑各种原发病因,针对原发病因采取综合治疗措施,包括驱虫、消炎、抗菌及清除致病因素等。

腹泻的主要危害是迅速引起机体脱水和电解质紊乱,进而影响酶的活性,妨碍正常的生理活动,导致严重的代谢障碍,引起缺氧和酸中毒,使机体的生命活动处于崩溃的边缘。因此,腹泻绝对不可忽视。

二、仔猪腹泻的主要原因

第一，初生仔猪免疫系统发育不完善。仔猪在母体中通过胎盘获取营养，出生后只有通过吃到初乳获得免疫球蛋白才能产生免疫力，但这种免疫力比较弱，对外界各种病原微生物的侵袭不能产生较强的免疫力，因而易导致初生仔猪发生腹泻。

第二，初生仔猪因为神经系统发育尚未完全成熟，皮下脂肪少，被毛较短，对温度的调节能力较弱，所以当气温突然变化、贼风侵袭、仔猪舍温度过高或过低时可导致仔猪抵抗力下降，此时其肠道内病原微生物的大量繁殖会引起仔猪腹泻。

第三，新生仔猪消化器官不发达，消化功能不完善，消化酶不足，若仔猪日粮中蛋白质水平过高，未完全消化的蛋白质进入肠道后，可导致胃肠功能紊乱，发生消化不良性腹泻。

第四，仔猪早期断奶，母猪和仔猪突然分开，环境变化、饲料变化等原因引起仔猪发生应激反应，导致抗病力下降而发生腹泻。

第五，母猪产后无乳或乳汁过浓、过稀均可导致仔猪腹泻。母猪无乳，仔猪不能及时吃到初乳获取母源抗体；乳汁过浓，乳脂肪和蛋白质过高，仔猪易消化不良；乳汁过稀，营养不全，缺少某些矿物质、维生素等营养因子而引起仔猪腹泻。

第六，由细菌性病原而致腹泻。大肠杆菌可引起 1～7 日龄仔猪黄痢、10～30 日龄仔猪发生白痢，C 型魏氏梭菌可引起 1～3 日龄仔猪发生红痢，沙门氏菌可引起仔猪副伤寒，猪痢疾密螺旋体可引起 50～90 日龄的仔猪泻痢。

第七，由病毒性病原而引起的腹泻。包括猪传染性胃肠炎、猪流行性腹泻、轮状病毒性腹泻和猪伪狂犬病等。猪传染性胃肠炎和猪流行性腹泻多发生于冬、春季，感病的仔猪死亡率高达50％～80％；轮状病毒性腹泻在寒冷季节常与仔猪白痢混合感染，多发生于 2 月龄以内的仔猪。

第八,由寄生虫病引起的腹泻。主要是艾美耳属和等孢子属的球虫和猪蛔虫、食管口线虫、毛尾线虫、类原线虫等线虫寄生在消化道内引起仔猪腹泻。

由于仔猪的腹泻是多种因素共同作用的结果,所以在防治仔猪腹泻时应采取综合防治措施。只有加强管理,把握好仔猪的出生关、补料关、断奶关,同时做好强化免疫接种工作,再配合药物预防,才能有效降低仔猪腹泻的发生率。良好的饲养管理与生物安全措施相结合是预防仔猪腹泻的关键技术,只有通过采取综合性防治措施才能培育出更健康的仔猪。

第二节 仔猪腹泻的发病机制

腹泻分急性和慢性两类。急性腹泻发病急剧,病程在 2~3 周。慢性腹泻指病程在 2 周以上或间歇期在 2~4 周的复发性腹泻。

腹泻不是一种独立的疾病,而是很多疾病的一个共同表现,它同时可伴有呕吐、发热、腹痛、腹胀、黏液便、血便等症状。

目前,生猪养殖业中,仔猪腹泻是一种常见疾病,也是一种典型的多因素疾病,发病机制复杂,影响发病的因素多变,对仔猪的生长、生产影响巨大。在养猪业生产中,仔猪腹泻发生率很高,尤其是 1~3 月龄的仔猪更为常见,断奶后的仔猪腹泻发生率高达25% 以上,死亡率达 10%~15%。

一、发病外部原因

(一)季节因素

高温多雨的季节变化为细菌、病毒提供了一个很好的滋生环境,在日常生活中不注意就很容易感染,外伤的感染、疾病的传播等都会引发腹泻。

（二）消化不良

气温变化大、饲喂无规律、采食过多、采食不易消化的食物，或者由于胃动力不足导致食物在胃内滞留，从而引起腹胀、腹泻、恶心、呕吐、反酸、嗳气等症状。

（三）食物中毒

由于采食被细菌及其毒素污染的食物，或采食有毒饲料等引起的急性中毒性疾病。其特点是患病动物出现呕吐、腹泻、腹痛、发热等急性胃肠道症状。

（四）肠道疾病

如慢性细菌性疾病、肠结核、血吸虫病、魏氏梭菌性肠炎、大肠癌、淋巴瘤、类癌综合征、炎症性肠病、尿毒性肠病、胶原性肠炎等病症。

（五）肠道对高脂肪饲料吸收不良

本类腹泻粪便呈淡黄色或灰色，油腻糊状，气味恶臭。

二、发病机制

正常动物每 24 小时有大量液体和电解质进入小肠，小部分来自饮食，绝大部分来自唾液腺、胃、肠、肝、胰分泌，主要由小肠吸收，每日通过回盲瓣进入结肠的液体 90% 被结肠吸收，而随粪便排出体外的水分只是其中很少的一部分，这是水在胃肠道分泌和吸收过程中发生动态平衡的结果。如平衡失调，每日肠道内只要增加数百毫升水分就足以引起腹泻。

（一）高渗性腹泻

在正常动物，食糜经过十二指肠进入空肠后，其分解产物已被吸收或稀释，电解质渗透度已趋稳定，故空、回肠内容物呈等渗状态，其渗透压主要由电解质构成。如果摄入的食物（主要是碳水化合物）或药物（主要是 2 价离子如 Mg^{2+} 或 SO_4^{2-}）是浓缩、高渗而又难消化和吸收的，则血浆和肠腔之间的渗透压差增大，血浆中的水分很快透过肠黏膜进入肠腔,直到肠内容物被稀释。肠腔存留的大量液体可刺激肠蠕动而致腹泻。

(二)吸收不良性腹泻

许多疾病造成弥漫性肠黏膜损伤和功能改变,可导致吸收不良腹泻。

1. 常见原因

(1)肠黏膜吸收功能减损 某些肠黏膜病变,可见肠绒毛变形,比正常粗短或萎缩,微绒毛杂乱或消失。

(2)肠黏膜面积减少 小肠被手术切除或慢性炎症使肠黏膜面积减少,各种营养物质的吸收均不完全。

(3)细菌在小肠内过长 也属于盲瓣综合征的性质,细菌分解结合胆盐,影响微胶粒形成,导致脂肪泻。

(4)肠黏膜阻性充血 常见于门静脉高压和右心衰竭,肠黏膜充血水肿可引起吸收不良和腹泻。

(5)先天性选择吸收障碍 以先天性氯泻最为典型,但此病罕见。

2. 吸收不良性腹泻的特点 ①禁食可减轻腹泻;②肠内容物由未吸收的电解质和食物成分组成,渗透压较高。

(三)分泌性腹泻

肠道分泌主要是黏膜隐窝细胞的功能,吸收则靠肠绒毛腔面上皮细胞的作用。当分泌量超过吸收能力时可致腹泻。

刺激肠黏膜分泌的因子可分为4类:

第一,细菌的肠毒素,如霍乱弧菌、大肠杆菌、沙门氏菌等分泌的毒素。

第二,神经体液因子,如血管活性肠肽(VIP)、血清素、降钙素等。

第三,免疫炎性介质,如前列腺素、白三烯、血小板活化因子、肿瘤坏死因子、白介素等。

第四,去污剂,如胆盐和长链脂肪酸,通过刺激阴离子分泌和增黏膜上皮通透性而引起分泌性腹泻。各种通便药如蓖麻油、酚酞、双醋酚汀、芦荟、番泻叶等也属于此类。

(四)渗出性腹泻

肠黏膜炎症时渗出大量黏液、脓、血，可致腹泻。渗出性腹泻的病理机制是复杂的，因为炎性渗出物可增高肠内渗透压，如肠黏膜有大面积损伤，电解质、溶质和水的吸收可发生障碍；黏膜炎症可产生前列腺素，进而刺激分泌，增加肠的动力，引起腹泻。

(五)传染性腹泻

动物由于某些致病微生物感染引起的腹泻，此类腹泻可以在动物之间传染。目前，主要是由猪流行性腹泻病毒(PEDV)、猪轮状病毒、猪博卡病毒(PBOV)等引起。

(六)运动性腹泻

许多药物、疾病和胃肠道手术可改变肠道的正常运动功能，促使肠蠕动加速，以致肠内容物过快通过肠腔，与黏膜接触时间过短，因而影响消化与吸收，发生腹泻。

第三节　腹泻的检查

一、临床检查

第一，大便次数明显增多。

第二，粪便变稀，形态、颜色、气味改变，含有脓血、黏液、未消化食物、脂肪，或变为黄色稀水、绿色稀糊，气味酸臭。

第三，粪便形状、颜色和气味改变。

①若粪便为灰白色，可能是结石、肿瘤、蛔虫等引起胆管梗阻，导致胆黄素无法随大便排出。

②若粪便为黑色，在没有采食动物血制品和黑色的食物、药物的前提下，则可能是上消化道出血。

③粪便为红色则常提示下消化道出血。

④有柏油样腥臭味的粪便常提示痢疾。

⑤淡黄色粪便则提示脂肪消化不良。

⑥粪便多泡沫、酸臭味一般多为糖消化不良。

⑦粪便恶臭则为蛋白质消化不良以及肠道有害菌多。

⑧粪便中能直接看到寄生虫或者虫多为寄生虫导致。

二、实验室检查

(一)粪便检查

粪便性状呈糊状,稀便或水样,量多或具恶臭,粪便中不含黏液、脓血或仅含脂肪时,常提示为小肠性腹泻或肝、胆、胰腺功能低下性腹泻;如粪便量少,含黏液、脓血时则多提示为结肠性腹泻;粪便中发现原虫、寄生虫或虫卵,又能排除其他原因时,可提示为原虫、寄生虫性腹泻;粪便培养可分离出多种致病菌,对诊断有重要价值,但应强调粪便取材要新鲜,送检应及时,否则会影响诊断。此外,如一次培养阴性时,不能轻易否定感染性腹泻,还应多次送粪便培养,有时会获得阳性结果。

(二)小肠吸收功能试验

1. 粪便中脂肪球,氮含量,肌纤维和糜蛋白酶含量测定　显微镜高倍视野下,脂肪球高达 100 个以上时(苏丹Ⅲ染色法),可考虑脂肪吸收不良;粪便中含氮量增加时,考虑系糖类吸收不良;粪便中肌纤维增多、糜蛋白酶含量降低时,提示小肠吸收不良。

2. 右旋木糖试验　小肠吸收功能不良者,尿中 D-木糖排出量常减少。

3. 放射性核素标记维生素 B_{12} 吸收试验(Schilling 试验)　小肠吸收功能障碍者,尿内放射性核素含量显著低于正常。

三、影像学检查

(一)X 线检查

钡餐或钡剂灌肠检查可了解胃肠道的功能状态、蠕动情况等,对小肠吸收不良、肠结核、克罗恩病、溃疡性结肠炎、淋巴瘤、结肠癌等有重要诊断价值。

(二)B 超、CT 或 MRI 检查

可观察肝脏、胆道及胰腺等脏器有无与腹泻有关的病变,对肠道肿瘤性病变也可提供依据,因此 B 超、CT 及 MRI 检查对消化吸收不良性腹泻及肿瘤性腹泻等均有辅助诊断价值。

(三)结肠镜检查

结肠镜检查对回肠末端病变,如肠结核、克罗恩病、其他溃疡性病变以及大肠病变,如溃疡性结肠炎,结肠、直肠息肉及肿瘤,慢性血吸虫肠病等均有重要诊断价值。

(四)逆行胰胆管造影检查

对胆管及胰腺的病变有重要诊断价值。

(五)小肠镜检查

虽然小肠镜检查未能普遍开展(新型小肠镜已问世),但其对小肠吸收不良及肠性脂质营养不良(Whipple 病)病等有较重要诊断意义,小肠镜直视下可观察小肠黏膜的情况,活组织病理检查可判断微绒毛及腺体的变化等。

第四节　预防及其治疗措施

第一,加强管理,减少应激。断奶前后饲喂饲料尽量一致;断奶前后饲料投喂量不要太多或突然增加,应循序渐进;不要突然将不同群的仔猪混在一起;与断奶舍的温度、湿度等环境条件接近,在保育舍水泥地或漏缝地板上加木垫板,避免猪只肚皮直接接触

水泥地而受凉;饲养密度不能过大;提早补饲、补铁、补水等,加强日常管理和消毒。

第二,加强预防免疫。针对乳仔猪的生理特点,做好疾病的预防免疫,保证肠道黏膜功能正常。

第三,选用优质饲料,避免高粗蛋白质。不要以粗蛋白质高低来评价乳仔猪料的好坏,好的乳仔猪料都是选用优质原料,提高饲料可消化性和可利用率。乳糖、乳清粉、喷雾干燥血浆蛋白粉、奶糖产品、优质鱼粉等原料对预防仔猪腹泻有特别重要的意义。饲料中适当增加纤维素和乳糖,可以抑制病原菌的生长,同时可以促进乳酸菌的增殖。由于仔猪消化功能不足,饲料中加入酸化剂、益生素等非营养性添加剂及特定的抗生素对预防仔猪腹泻、促进其生长具有明显的效果。

第四,发病后及时治疗。根据猪发病的症状,分析判断出是由饲料还是疾病造成。由饲料造成,停止使用饲料,饥饿12小时后饮5%葡萄糖盐水,少量多餐。由疾病造成,对症下药,及时隔离治疗。

第五,补液。给猪口服补液,调整机体的电解质和酸碱平衡,以防脱水和酸中毒等。腹泻的仔猪容易脱水,少吃饲料、口服补液是一种有效方法,在饮水中除加入食盐、葡萄糖外,还可加入益生素(不要与药物一起使用)、乳糖、乳清粉、电解多维等物质,能起到提高猪的免疫力和降低应激的作用,有助于病猪尽快康复。

第五节　注意事项

第一,腹泻既能造成脱水、肾脏衰竭,也能因排泄毒素而对机体损害起到延缓作用,所以早期腹泻应该是有利的。因此,给药时机的选择不宜太早,不能一见腹泻就用止泻药,以免毒素无法及时排出而造成中毒。

第二，补液应成为治疗哺乳仔猪腹泻过程中的一条主线。补液时可选择市售口服补液盐，也可自配：20克葡萄糖、3.5克氯化钠、2.5克碳酸氢钠和1.5克氯化钾中加清洁温水至1 000毫升。没有条件的也可在水中加入适量红糖和碳酸氢钠（小苏打）饮用。在此基础上加适量强力霉素粉饮用，效果更佳。

第三，哺乳仔猪投药应以口服效果最为理想。注射给药效果不如口服，因为口服相对注射来讲应激要小得多。饲养员可以用一些强力霉素粉或链霉素粉加水和成膏状涂于母猪乳头上或抹于仔猪口中。

第四，哺乳仔猪腹泻如果多次治疗效果甚微或复发率很高，则应该在治疗仔猪的同时配合治疗母猪。哺乳母猪常会把一些病原带给仔猪，比如大肠杆菌及引起阴性乳房炎的葡萄球菌和链球菌。所以，除做好严格的产房消毒外，在治疗仔猪的同时，母猪还应注射一些广谱抗生素（长效土霉素或头孢氨苄等）。这样，将会收到事半功倍的效果。

第五，温度是影响仔猪腹泻的一个重要因素。刚出生不久的仔猪所需温度较高，而在实践当中，尤其在冬、春季节，由于产房中湿度大，实际温度往往很低，是导致仔猪腹泻的主要原因之一。所以，在治疗仔猪腹泻时，应适当提高仔猪舍温度2℃～3℃，达到25℃～30℃，并使猪舍保持干燥。

哺乳仔猪腹泻是需要我们克服的一个世界性难题。预防为主也是一个永久话题。不管怎么样，在养殖实践中，除了做好防疫外，还要本着"以猪为本"，努力创造适合猪只的内环境和外环境，加强环境控制，保证充足营养，哺乳仔猪腹泻将会大大减少。

第二章 仔猪生长发育和生理特点

第一节 仔猪生长发育特点

一、新陈代谢旺盛,生长发育快

猪的妊娠期较短,胎儿发育相对不足,初生时体重相对较小。为弥补胎儿期的发育不足,仔猪出生后新陈代谢旺盛,有一个较快的生长阶段。与其他家畜如牛、羊、马相比,猪的胚胎生长期和出生后生长期最短,但生长强度最大。一般出生后 20 天的仔猪,在身体内每千克体重要沉积蛋白质 9～14 克,而成年猪每千克体重只沉积蛋白质 0.3～0.4 克,差不多是成年猪的 30～35 倍。此外,哺乳仔猪对钙、磷、钠、氯、铜和铁等矿物质元素的代谢也比成年猪强得多,如 10 千克重的仔猪,每千克体重每天约需钙 0.48 克、磷 0.36 克、铁 4.8 毫克,而 200 千克重的泌乳母猪每千克体重每日约需钙 0.22 克、磷 0.14 克、铁 2 毫克、铜 0.13 毫克。

二、消化器官不发达、消化功能不完善,但发育迅速

猪的消化器官在胚胎期形成,初生时重量较小,但发育很快、消化功能较弱,而且不完善。仔猪虽有唾液分泌,但唾液淀粉酶的活性较低,以后逐渐加强,在 2～3 周龄时达到高峰,然后又有所降低,断奶后趋于稳定。哺乳仔猪胃功能较弱还表现在胃的排空(即胃内食物通过幽门、十二指肠)速度较快,随着年龄的增长而逐渐变慢。在饲养哺乳仔猪时,由于它的胃容积小,食物排入十二指肠

又较快,所以应适当增加饲喂次数,以保证仔猪获得足够的营养,并能消化吸收。此外,哺乳仔猪消化液中的脂肪酶、蔗糖酶和麦芽糖酶的活性在出生时都比较低,以后随年龄增长而逐渐加强,哺乳仔猪对谷粒饲料中的淀粉和脂肪消化吸收能力也较差,但谷粒淀粉煮熟后,则消化率就比较好。所以,养猪生产中配制乳、仔猪饲料,应有较高的蛋白质水平,而谷物淀粉、脂肪和蔗糖的含量要适当,以符合乳、仔猪的消化生理特点。

三、调节体温的功能不完善,抗寒能力差

仔猪调节体温的能力是随着日龄增大而增强的,日龄越小,则调节体温的能力越差。仔猪的正常体温为 38.5℃,初生仔猪的体温较正常的低 0.5℃～1℃,即使将初生仔猪放在 20℃～25℃的气温环境中,它也要在 2～3 天才能恢复到正常的体温,这主要是由于仔猪体温调节中枢神经尚未完全发育,利用身体内的能源来增加产热的能力差,不能使仔猪较快地恢复到正常体温。因此,在饲养仔猪的过程中,对出生 0～7 天的仔猪要特别注意保暖,避免受寒而死亡。所以,必须给仔猪进行保温处理,常用的办法是红外线灯、暖床、电热板、保温灯等。

四、缺乏先天性免疫力,抗病能力弱

猪的胎盘构造十分复杂,母体血管与胎儿脐带血管之间有6～7 层组织构成的胎盘血液屏障,而抗体是一种大分子的 γ-球蛋白。因此,母源抗体无法通过血液进入胎儿体内,仔猪出生时没有先天性免疫力。仔猪出生后的免疫能力必须通过吮吸母猪初乳而获得,这称为被动免疫。仔猪 10 日龄后开始产生免疫抗体,但到 1月龄时免疫抗体的水平仍很低,直到 5～6 月龄时才达到成年水平,而初乳中免疫球蛋白的含量在仔猪出生后又很快降低。因此,20 日龄前后是仔猪免疫球蛋白青黄不接的阶段,最易患腹泻,是

最关键的免疫期。

第二节　仔猪消化系统生理特点

一、仔猪消化道未完全发育

正常情况下,断奶仔猪消化器官虽然已经具有一定的消化吸收能力,但是胃肠道体积和重量仍旧不够理想,运动功能微弱。仔猪断奶后,由摄取液体乳汁突然改为摄取固体饲料,细菌和饲粮易破坏其小肠绒毛,影响乳猪吸收和消化营养物质的能力。当日粮中含有大量禾本科谷物时,乳猪的肠绒毛受植物干物质的磨损而变短,绒毛表面由高密度指状变为平舌状,隐窝加深,以上形态结构的变化(表1)导致消化吸收面积变小,营养不能被有效吸收。

表1　仔猪断奶前后小肠微结构的变化

	小肠百分比(%)	断奶前	断奶时
绒毛高度(微米)	25	550	356
	50	496	354
	75	323	285
腺窝深度(微米)	25	118	200
	50	130	200
	75	104	185

二、胃酸分泌不足

胃酸是仔猪防御外界病原微生物的重要屏障,然而仔猪胃酸分泌弱,母乳中的乳糖为胃中乳酸菌的生长提供重要营养来源,乳酸菌分解乳糖产生的乳酸有效补充了胃酸的不足;然而断奶以后乳糖来源消失以及应激造成的厌氧菌营养源黏蛋白数量的下降,往往会造成厌氧菌数量的下降和乳酸合成量的不足;另外,由于饲料中酸结合力的影响,从而导致胃中 pH 值升高,抑制了消化酶的活性,为有害病菌的繁殖创造了有利的条件。

饲料的 pH 值一般是偏碱性,若在胃酸不足时大量采食碱性饲料,则能明显改变胃中的 pH 值,导致:①蛋白质的变性凝固受到影响,妨碍胃蛋白酶对动、植物蛋白质的消化(因为胃酸最主要的作用是凝固动植物蛋白质,而已凝固的蛋白质更容易消化);②胃蛋白酶的活性降低或被激活的胃蛋白酶数量不足;③胃中的杀菌作用严重地受到削弱。

三、消化酶水平低

仔猪出生以后,在消化器官迅速发育的同时,消化酶的分泌水平也迅速上升,一直持续到 8 周龄。8 周龄以后,乳糖酶活性逐渐减弱,脂肪酶、蛋白酶和淀粉酶活性趋于正常,仔猪逐渐摆脱母乳,采食饲料;然而目前的早期断奶技术,打乱了仔猪在长期进化过程中所形成的固有的生长发育规律,尤其是断奶应激造成了仔猪消化酶分泌水平的骤然下降,降低了仔猪对饲料的消化能力。

0～7 日龄的乳猪体内的酶活性比较低,所以不适合消化饲料,7 日龄以后乳猪体内的酶活性有了明显提高,所以可以开始诱食补料,以满足乳猪快速生长的需求。3～8 周龄是乳猪胃肠道和酶系统发育的高峰期,一般来说,乳猪消化酶系统在 3～4 周龄迅速生长,5～6 周龄趋于完善(图 2-1)。然而,断奶后猪体内的酶活性变化较大,脂肪酶、胰蛋白酶、淀粉酶的活性往往会大幅度地下降,但胃蛋白酶的活性则往往不受影响,所以断奶后的营养性腹泻主要是肠道(胰)消化不良造成的。胰酶活性下降的原因有两种:一是胰脏分泌胰酶的数量减少了,二是胰脏分泌胰酶的数量并没有减少,但胰酶的活力下降了。胰酶分泌数量减少的原因是胰脏的活力下降了,而胰酶活力下降的原因主要是缺少激活因子。

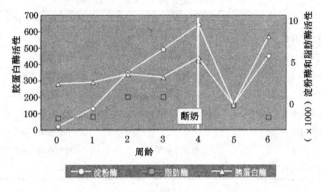

图 2-1 仔猪消化道发育各种酶活性变化

四、肠道微生物菌群未达平衡

仔猪在刚出生时,消化道是无菌的,出生后 2 小时内粪便中就可检测出大肠杆菌和链球菌等微生物。在出生后到自然断奶的过程中,消化道各个部位逐渐被各种细菌所占据,但并未达到应有的平衡。

研究表明,大肠杆菌、魏氏梭菌、链球菌、乳酸杆菌、拟杆菌等是乳猪胃肠道的主要菌群,对平衡乳猪肠道健康起着至关重要的作用。在应激条件下,肠道微生物区系的总趋势是乳酸菌减少,大肠杆菌的数量增加,使肠腔积水,上皮细胞破坏,从而导致腹泻。新生仔猪的肠道细菌定植模式可以长期影响乳猪肠道健康和生长发育,因此日粮中添加微生态制剂,可以促进肠道健康、稳定肠道的微生物平衡,从而解决因菌群失调造成的腹泻等问题,增强机体的免疫力(表2)。

表2　饲料变化对乳猪引起的应激

母猪的乳汁	教槽料/乳猪料	骤然切换的结果
乳猪喜好液体的母乳	固体形式(乳猪不喜好)	
营养成分丰富而全面	营养成分高	肠道萎缩
高品质	消化率低	消化酶功能下降
易消化	适口性不好	吸收面积减少
符合乳猪的消化酶组合	不符合乳猪的内源消化酶组合	免疫保护功能下降
含有免疫球蛋白		生长性能下降
含有生长因子	不含有生长因子	死淘率和发病率提高
其他未知有益因子		

总之,断奶乳猪综合征是一个亟待探索、解决的难题,除了要关注该阶段饲料的营养和保健,更要关注仔猪的消化道发育特点以及肠道营养和免疫。只有利用综合性的防控措施:改善饲料营养结构,添加合适的添加剂,加强饲养管理和严格疾病防控措施,才能保证断奶仔猪顺利度过断奶关。

五、断奶仔猪消化道发育与酶制剂的发展

由于断奶仔猪在生产上有巨大的优势,人们在关注其消化道发育的同时,更加注重于其消化吸收的改善。总体来说,断奶仔猪的问题主要表现在仔猪暂时性营养不足和断奶饲粮改变引起的胃肠损害。自美国饲料业于1975年首次在大麦饲料中添加β-葡聚糖酶,并取得了显著效果以来,酶制剂越来越引起世界各国的重视。20世纪90年代酶制剂开始引入我国,由于酶制剂与化学药品和抗生素相比较,具有无毒性、无残留、无副作用和微生物发酵的天然产物的特点,在饲料行业得以快速的发展,特别是近年来组合酶概念的提出,更是一个质的飞跃。大量实验验证,在乳猪料中添加复合酶制剂(组合型的复合酶:佳酶JM100P＋乳猪专用酶)可显著提高早期断奶仔猪日增重量,降低料重比,并能促进仔猪健

康,腹泻频率显著降低,提高经济效益。

第三节 仔猪免疫系统生理特点

一、免疫的概念

免疫是机体识别和清除非自身大分子物质,从而保持机体内外环境平衡的生理学反应。免疫是高等动物识别和清除异物的全过程,机体通过对非己物质的识别,激发免疫应答从而建立起针对该特定抗原的特异性免疫。免疫是后天获得的、特异性的,先天的、非特异性炎症吞噬反应和防御屏障统称为非特异性防御。

二、仔猪的免疫特点

仔猪的免疫系统由具有免疫作用的细胞及其相关组织和器官组成,是产生主动免疫力的物质基础,它包括中枢和外周免疫器官。仔猪防止病原微生物感染的第一道防线是血液中的中性粒细胞,它们占血液淋巴细胞的50%。仔猪在出生时已有中性粒细胞并在最初几周内数目会迅速增加,但其趋化反应性却较低。白细胞表型和功能变化最大是在出生后的第七天。

新生仔猪白细胞亚群不同于成年猪,尽管仔猪一出生就有中性粒细胞,但开始时的功能和表型不同于成年猪,未能有效地发挥作用是由于新生仔猪的免疫系统发育还未成熟,与其他因素的抑制作用,如可的松、前列腺素等的影响无关。另一种可能性是刚出生时相对缺乏对分裂原的刺激反应,导致仔猪的T淋巴细胞被抑制。仔猪在出生后前几周所存在的中性粒细胞的吞噬功能不明显,即使它具有吞噬能力,但此能力也低于成年猪的中性粒细胞。

巨噬细胞是一种大型的吞噬白细胞,由骨髓中产生和分化,然后通过血液循环分散于全身各个部分,它是防卫和组织修补的重要介质,通过分泌几种细胞激动剂和抗原的存在,成为免疫反应调节的关键。仔猪肺部至少有3种巨噬细胞,初生仔猪肺部含有很少的巨噬细胞,但几天以后,大量的巨噬细胞出现,2周龄时达到成年猪的水平。同样,刚出生仔猪血液内分化成熟的巨噬细胞很少,但3~7日龄时开始出现分化成熟。刚出生仔猪的自然杀伤细胞是没有活性的,需要2~3周时间才能发育成熟,猪的自然杀伤细胞的另一个特殊之处是分析测定活性的时间很长,与靶细胞孵育的时间需要16~20小时。仔猪刚出生时虽然已经有了这些免疫细胞,但开始时它们并不具有吞噬病原微生物的能力,只有分化成熟以后才具有这种能力。仔猪非特异免疫系统的发育成熟和建立,至少应在7~14日龄后才能完成。

三、仔猪免疫抑制

由于免疫抑制现象导致了仔猪疾病日益复杂且难以控制净化,一直是规模化养猪场的心病。我们在生产中比较重视体液免疫,在很多方面忽略了细胞免疫。

体液免疫的作用在于对抗原发生沉淀、凝集,形成复合物以便做细胞免疫处理。体液免疫的发生同样需要经巨噬细胞处理的有效抗原,激活T淋巴细胞,由T细胞再激活B淋巴细胞,才能产生抗体。细胞免疫的作用在于它能进一步处理被抗体作用过的抗原,从而清除细菌和病原;同时,它能产生一系列的组织细胞的效应,溶解细胞,清除病原。细胞免疫发生的首要条件是抗原被巨噬细胞吞噬,经该细胞处理过的抗原可激活T淋巴细胞,方可产生后面的一系列的组织细胞效应。无疑,巨噬细胞与淋巴细胞是这两种免疫的关键细胞,它们无论是数量上减少还是功能上受损,都直接影响免疫功能。所以,我们在了解猪体免疫状态时不仅要了解体液免疫,更重要的是我们需要了解细胞免疫。由于仔猪的肺部组织含有大量的巨噬细胞,因而肺部组织是影响免疫的关键性因素之一。

在实际工作中，我们往往关注体液免疫，较少重视细胞免疫。例如，在发生疫病传染时，习惯只用各种方法测抗体，如凝集试验、补体结合反应、酶联免疫吸附试验（ELISA）等。认为抗体上来了就不会发生该病，殊不知在抗体水平合格的情况下仍然可以发生潜伏感染，如伪狂犬病病毒（PRV）、猪瘟病毒（CSFV）的疫苗毒株感染；猪巨细胞病毒（PCMV）可在高水平循环抗体存在下排毒。

由于仔猪的自身生理状况，其免疫系统尚不健全。在感染了猪肺炎支原体（MH）、伪狂犬病病毒（PRV）、猪圆环病毒（PCV）、猪繁殖与呼吸综合征病毒（PRRSV）、猪细小病毒（PPV）等病原微生物的情况下，往往会引起严重的免疫抑制。因此，对这些疾病的免疫应当引起规模化养猪场兽医的重视。

猪肺炎支原体（MH）：改变肺泡巨噬细胞的吞噬功能，并出现免疫抑制。

伪狂犬病病毒（PRV）：可在单核细胞与巨噬细胞内复制，并损害其吞噬功能；同其他疱疹病毒一样，猪伪狂犬病病毒的潜伏感染率很高，病毒久存于扁桃体与神经节中；疫苗接种后可防止母猪发生繁殖障碍，但不能防止接种猪被隐性感染。

猪圆环病毒2（PCV2）：该病毒在巨噬细胞介导下、分裂素诱导下，明显抑制淋巴细胞的增生，从而干扰正常的免疫功能；猪圆环病毒2还可诱导B淋巴细胞凋亡，造成体液免疫无应答。

猪繁殖与呼吸综合征病毒（PRRSV）：该病毒可在单核细胞系与巨噬细胞系细胞内复制，抗猪繁殖与呼吸综合征病毒抗体能促进巨噬细胞对猪繁殖与呼吸综合征病毒的吞噬作用，从而导致该病毒的复制增强；猪繁殖与呼吸综合征病毒还可引发无症状持续感染，且无抗体产生。

猪细小病毒（PPV）：在肺泡巨噬细胞和淋巴细胞内复制，并损害巨噬细胞的吞噬功能和淋巴细胞的母细胞化能力。

影响仔猪免疫的因素有很多,病原微生物只是其中的一部分。药物、饲料中的毒素、疫苗应用、生产管理等方面都直接或间接地影响着仔猪的免疫。在生产实践中,我们只有清楚地认识到了这些因素对仔猪免疫的影响,以及各因素之间的相互作用关系,才能掌握好对仔猪生产管理的"度"。

第三章 仔猪非传染性腹泻

第一节 仔猪非传染性腹泻的病因

一、生理性腹泻

(一)机体原因

一是由于断奶仔猪消化功能不健全,消化器官结构及功能尚不完善。初生仔猪消化器官容积小,哺乳期至 60 日龄迅速发育和增大;断奶时运动功能弱,排空速度快;消化器官结构功能不完善,不利于消化过程中的分泌和吸收,从而引起了腹泻。二是断奶仔猪体内消化酶分泌不足或活性降低。仔猪刚出生时,除乳糖酶、凝乳酶含量较高外,其他各种酶含量均较低,随着仔猪日龄的增长,乳糖酶逐渐减少,胃蛋白酶、胰淀粉酶则逐渐增加。到 4～5 周龄时,乳糖酶降到最低,而其消化系统仍不成熟,不能分泌足够的消化酶,仔猪断奶使消化酶含量减少、活性降低,从而引起消化不良而腹泻。三是仔猪胃酸分泌不足。仔猪分泌胃酸的能力很弱,只有胃内 pH 值低于 4 时才有利于蛋白质的消化,并能使大量病原菌灭活。母乳中含有丰富的乳糖,可被胃中乳酸杆菌分解成乳酸,成为哺乳仔猪乳酸的主要来源,所以尽管哺乳仔猪胃酸分泌不足,仍消化良好。而仔猪断奶后,乳酸来源终止,乳酸分泌仍然很弱,胃内酸度不足,影响饲料特别是蛋白质的消化,而引起腹泻。四是免疫功能不健全。仔猪在哺乳期主要靠从母乳中获取免疫球蛋白,获得被动免疫,其中初乳中能够获得足够的乳蛋白,从而获得

· 21 ·

足够的母源抗体保护,在常乳中不能获得足够的乳蛋白,只能靠主动免疫。当断奶仔猪靠主动免疫不能获得足够的抗体保护,就会导致抗病能力差,导致腹泻。

特别是早期仔猪,其酶系统未发育完善,初生期只具有消化母乳的酶系(如乳糖酶、凝乳酶等),而消化非乳化饲料的酶大多在3～4周后才开始形成,胃肠盐酸分泌少,缺少游离盐酸,胃内容物pH值较高,胰蛋白酶不易被激活,哺乳仔猪的乳糖酶和胰蛋白酶活性较高,对乳蛋白的吸收率可达92%～95%,对乳脂肪的吸收率可达80%。但胃腺不分泌淀粉酶,小肠黏膜和胰脏在35日龄分泌很少,断奶后1周内,胰脂肪酶、胰蛋白酶、胰淀粉酶和糜蛋白酶等酶的活性显著下降,除胰脂肪酶外,其他酶在12～14天后方可恢复正常(或断奶前水平),这些变化导致断奶后仔猪对蛋白与淀粉消化力减弱,至4周后才能恢复到较高水平。因此,仔猪不能很好地消化日粮蛋白、利用淀粉和消化吸收禾本科谷物中的可溶性非淀粉化合物。肠道酸碱度改变乳酸菌、大肠杆菌、真杆菌、酵母菌、小梭菌可在仔猪出生24小时后定植在仔猪肠道中,形成肠道正常微生态区系抑制有害菌的增殖,保证消化系统的正常功能。在哺乳阶段,肠道中的乳酸菌可将乳汁中的乳糖转化为乳酸,降低消化道的pH值,使肠道保持酸性,抑制了有害菌的生长。断奶后,肠道中乳糖来源减少、乳酸菌减少、乳酸含量下降,导致肠道pH值上升,不能有效地抑制致病性大肠杆菌及有害菌的繁殖,造成菌群失调症而引起腹泻。

(二)过敏性反应

仔猪腹泻一般是伴随早期断奶而出现的问题之一。现已查明:对日粮抗原暂时性的过敏反应是诱发仔猪早期和断奶后腹泻的先决因素,如仔猪能在断奶前采食较多的日粮蛋白质,其肠道免疫系统得到较好激活而产生耐受性,断奶时发生过敏反应的机会较少。否则肠道处于超敏状态,对断奶后所采食的蛋白质会产生较强的过敏反应,仔猪腹泻的可能性较大。

二、营养性腹泻

(一)日粮抗原过敏

断奶后仔猪肠道黏膜中的免疫活性细胞基本成熟,对外来抗原可以产生免疫反应。当第一次饲喂饲料时(特别是没有进行诱食训练或诱食训练时日粮与断奶日粮不同),日粮中的蛋白质对仔猪来说就成了抗原,肠黏膜中的免疫活性细胞就会对第一次接触日粮中的蛋白质产生免疫反应,导致小肠绒毛萎缩、隐窝增生、小肠黏膜损伤,进而引起腹泻。

1. 日粮抗原过敏是早期断奶仔猪腹泻的原发性因素　1984年就有外国专家提出,日粮抗原的过敏反应是仔猪腹泻的原发性因素,即先决条件。表明了日粮抗原引起的过敏反应,可能在早期断奶后腹泻中起重要作用。日粮抗原引起的过敏(超敏反应)损伤主要是上皮细胞有丝分裂异常、细胞周转加快、不成熟细胞增加,表现为绒毛缩短,腺窝增深。Hampson 等认为,早期断奶应激易导致仔猪腹泻及小肠黏膜萎缩,是断奶仔猪生长性能降低的主要原因,同时认为轮状病毒感染、肠道内病原性大肠杆菌的存在或腹泻的发生,并未加重正常断奶时小肠结构的变化;另外,断奶后采食不足或不规律,或来自日粮的物理伤害,并未与小肠结构的改变有直接联系。因此,断奶造成肠道结构和功能变化的主要原因是营养性应激。一方面断奶时母乳供应停止,奶中的乳源生长因子、激素以及其他生物活性物质对出生后仔猪小肠的分化和发育具有重要作用,断奶时这些因子的突然消失将对肠细胞生长、分化以及细胞功能的发育产生影响。促进仔猪小肠发育的乳生生物活性物质有表皮生长因子(epidermal gowth factor,EGF)、多胺(polyanimes)、胰岛素(insulin)和类胰岛素生长因子(insulin-like growthfactor,IGF)等;另一方面,奶中不含有而饲料中含有的某些抗原性物质可引起断奶仔猪肠道过敏性损伤。

有研究表明,肠道对日粮抗原过敏是养分消化率降低和断奶仔猪腹泻的根本原因,养分消化率降低是导致腹泻的直接原因,过敏反应本身不直接导致腹泻,而是引起肠道损伤和养分消化率下降导致腹泻。早期断奶腹泻的原发性因素并不是大肠杆菌等病原菌的感染,而是由于断奶营养应激造成的肠道损伤致使养分消化力下降,导致腹泻。

饲料中的抗原物质主要来源于大豆或豆粕中的抗原蛋白,抗原蛋白可分为4种,即大豆球蛋白和3种伴大豆球蛋白,对断奶仔猪而言,引起超敏反应的主要抗原为大豆球蛋白和 β-聚球蛋白。

2. 肠黏膜对日粮抗原过敏反应的机制 动物采食日粮抗原后,大分子物质主要是蛋白质和碳水化合物在由肠道分泌的 IgA 和消化酶的作用下被消化成没有抗原活性的小分子物质,但仍有一小部分抗原以完整大分子形式进入血液和淋巴循环系统,刺激机体产生分泌型 IgA,血清 IgA、IgM、IgG、IgE。其中,分泌型 IgA 对日粮抗原的免疫耐受性和免疫排斥起重要作用,血清 IgA 通过与吸收的抗原特异性结合而形成复合物为肝脏清除 IgM、IgG 可以中和被吸收进入循环系统中的抗原,形成抗原复合物引起免疫损伤,但是其具体机制尚不清楚。IgE 具有亲细胞性,其 Fe 片段与组织中肥大细胞上的 Fe 受体结合从而使机体处于致敏阶段,当日粮抗原再次进入机体则抗原与结合在肥大细胞上的 IgE 结合,致使组胺快速释放,结果引起血浆中蛋白质渗入肠腔,使肠黏膜出现水肿,环状细胞黏液渗出而导致对液体和电解质吸收不良,但 IgE 引起的损伤并不会导致绒毛结构的变化,隐窝细胞增生和绒毛结构变化是由细胞免疫反应引起的。

目前研究表明,局部细胞免疫在日粮抗原的过敏反应中起着重要的作用。因此,日粮抗原过敏性反应主要可能的机制是 I 型过敏性反应(水分、养分吸收不良和腹泻的原因)和 IV 型过敏反应(绒毛萎缩、隐窝增生的起因)。

(二)营养因子不足

胚胎时期由于母猪营养不良,特别是妊娠后期,饲料中蛋白质、维生素和某种微量元素缺乏影响胎儿发育,断奶后对病原的抵抗力不强而导致腹泻。断奶后缺乏 B 族维生素和微量元素(如锌、硒、铁、铜)也能导致仔猪抵抗力降低而出现腹泻。

(三)营养性因素

1. 微量元素缺乏　与仔猪腹泻密切相关的微量元素主要是维生素 A、维生素 E、维生素 D、维生素 B_{12}、铁(2 价)、硒、锌。

2. 电解质失衡　由于长期饲料单一,仔猪采食的饲料中长期缺乏矿物质离子,则引起胃肠道内电解质失衡最终外现表征为腹泻。

3. 日粮酸碱失调　如果仔猪日粮长期呈较强碱性,则为多种致病菌提供了适宜的体内环境,大量分裂增殖,损伤胃肠黏膜,继发肠壁炎症、水肿、消化受阻,摄入水分及营养在肠管内沉积,引起腹泻。

4. 日粮蛋白含量过高　蛋白质在一定生长阶段需要量极大,也能实在促长,但就仔猪特别是断奶仔猪特殊的消化特点,高能蛋白质过多摄入可致消化不全,在大肠段的滞留期会产生大量尸胺、腐胺等毒性物质,继而侵损肠壁,令肠蠕动过速和分泌增加,结肠段不能正常吸收水分,小肠黏膜炎性病变,最终引起消化不良性腹泻。

断奶使仔猪由以母乳为主过渡到以植物蛋白质和动物蛋白质为主的饲料,如饲料中植物蛋白质及脂肪含量过高易导致腹泻。据调查统计,20%～23%粗蛋白质的含量可提高 40%腹泻率,因此,一般仔猪日粮的蛋白质水平不宜高于 20%。日粮中有抗营养因子,如蛋白酶抑制因子、非淀粉多糖等,它们可降低蛋白质的利用率,还易造成小肠上皮细胞的迟发型变态反应,引起水泻。

5. 饲料霉变及有毒物质超标 饲料保管不善,如受潮、过期等,其霉变后即产生黄曲霉菌毒素。某些物质超标,如棉酚、芥酸、单宁等,这些都可导致仔猪腹泻。

(四)霉菌毒素

霉菌毒素主要产生于发生霉变的饲料产生的各种毒素,可导致腹泻,特别是乳、仔猪。据英国一项研究表明,断奶仔猪几乎一接触到饲料霉菌毒素就会产生腹泻,日粮中缺少蛋白质、硒和维生素是霉菌毒素中毒引起腹泻的重要诱因。

根据相关资料报道,在饲料玉米和棉粕、菜粕等饼渣类饲料中检测到的有害毒素已超过300多种,其中对猪危害最大的有玉米赤霉烯酮、黄曲霉菌毒素等,几种霉菌毒素之间有相互协同作用,毒力成倍增强,规模猪场长期使用这种多霉菌毒素污染的饲料,使猪的抗病力降低,处于亚健康状态,当有细菌性和病毒性致病因素存在的情况下,常常导致群发病突发,使诊断和治疗更为困难,给规模猪场造成的经济损失亦更大。

三、应激性腹泻

(一)母乳应激

初乳是仔猪特殊营养素。初乳中含有免疫球蛋白,初生仔猪由于肠壁通透性很大,可以完全吸收初乳中的免疫球蛋白而获得被动免疫。

新生仔猪的腹泻多发生在情况不同的两种母猪。一是泌乳充足,乳脂率较高的母猪,这是由于仔猪吃乳过量,不能完全消化吸收,而导致腹泻。另一种是产后无乳的母猪,由于不能及时吃到初乳获得免疫力,功能下降而引起腹泻。母猪的采食、蛋白质或能量的摄入受到限制,将降低母猪的泌乳量,减轻仔猪断奶窝重,而仔猪断奶时体重较重的具有更强的抵抗力。

当母猪泌乳期采食量不足时,会分解体脂肪来提供乳脂,而母猪的体脂肪为饱和长链脂肪酸,脂肪酸碳链越短越易被吸收,短链和中链脂肪酸易被吸收,而长链脂肪酸吸收相对较困难。仔猪不易消化和吸收长链脂肪酸,却能给肠道后段的有害微生物提供营养,造成有害微生物的大量繁殖,引起仔猪腹泻。对于有乳房炎的母猪,乳中的有害微生物含量很多,仔猪采食后,在仔猪胃内引起乳变质,导致腹泻。

(二)断奶应激

断奶期的仔猪由于存在母仔分离的心理应激,加之生产者对断奶环节没有控制好,饲养管理不当,昼夜温差过大,保温工作没有跟上,饲料突变,圈内环境卫生条件差等,很容易引起腹泻。

早期断奶会给仔猪带来强烈应激,断奶后,仔猪不仅要面对母子分离和断奶后环境变化带来的应激,还要适应采食与温热的液体母乳完全不同的冷而干燥的固体饲料。研究表明,由于母仔分离所造成的心理应激,以及仔猪从分娩栏到保育栏所造成的环境应激,对早期断奶仔猪的生长和生理影响不大,但是,由母乳转向干饲料的营养应激则对仔猪的影响非常强烈。

(三)环境应激

1. 温度对仔猪腹泻的影响　仔猪由于被毛稀、皮肤薄、皮下脂肪少、神经调节机制不健全,因此环境温度(主要是低温)对仔猪影响巨大,可以直接诱发仔猪腹泻。

仔猪的环境温度过低时,会降低仔猪的免疫能力,同时降低消化吸收能力,促进了有害病原菌的快速繁殖,引起仔猪腹泻造成仔猪死亡。新生仔猪适宜的温度为 33℃左右。如果产后不能马上满足仔猪的温度需求,就会降低体温,并导致仔猪活力降低,不能够采食到足够的初乳,造成饥饿和被压死。如果存活,这些仔猪容易感染疾病,如腹泻。仔猪断奶时由于采食量低,活动量大,在断奶后 4～6 天呈负能量平衡,这一阶段消耗的主要是背脂,这意味着背脂厚度及其隔热层变薄,散热增加,在环境温度长期处于偏低条件下仔猪腹泻发生增加。

2. 湿度对仔猪腹泻的影响 湿度对仔猪腹泻的影响往往是与温度相互作用的结果。适宜温度区内,湿度对仔猪没有影响。而当环境温度高于临界温度上限或低于临界温度下限时,湿度的影响才明显。例如,高湿环境会加大高温对仔猪生产性能的影响,潮湿地面增加最低临界温度5℃~10℃。干燥的垫料能降低最低临界温度5℃~10℃。仔猪在气温较高、湿度较低的时候,比气温较低、湿度较高的时候活跃,仔猪也就更健康。

3. 通风对仔猪腹泻的影响 通风同样是与温度相互作用影响仔猪发育。猪舍通风具有引入新鲜空气,排除有毒有害气体及湿气的功能,还在一定程度上能调节猪舍的温度,通风量对猪的失热率和生长速度有重要作用。猪散热率随风速增加而线性增加。中等强度的气流$(0.2 m \cdot s^{-1})$可以提高最低临界温度4℃。

4. 猪舍的卫生条件对仔猪腹泻的影响 维护猪场内部系统的稳态,必须防止病原积累,防止病原从大猪传染给仔猪。猪舍的卫生条件对仔猪的采食、消化道发育有很大影响。将饲养在干净环境中(不接触母猪粪便、垫草)的仔猪与饲养在普通环境中(接触母猪粪便、垫草)的仔猪相比,前者小肠中部绒毛高度极显著高于后者,腺窝深度有下降趋势,相同部位二糖酶(蔗糖酶、异麦芽酶、麦芽糖酶Ⅱ、乳糖酶)活性,前者也高于后者,其中乳糖酶活性差异极显著$(P<0.01)$。另外,在不良环境中世代生存、断奶后具有长期腹泻历史的仔猪与无特殊病原菌仔猪相比,肠绒毛显著变短,腺窝显著增生。可见,不良卫生环境可使仔猪消化道结构和功能发生改变,减少仔猪养分供应,最终导致生长性能下降或腹泻。

断奶仔猪饲养环境差、管理水平低下能造成仔猪免疫力下降而引起腹泻。气候、日粮、伙伴的突然变化引起的应激反应也能诱发腹泻。由于受外界环境、气温的骤然升降和仔猪转群、并栏、长途运输等可引起断奶仔猪腹泻,仔猪生长的适宜温度 28℃~

30℃,最佳空气相对湿度为 60%～70%,当舍内昼夜温差超过 10℃,腹泻率就会升高 25%～30%,湿度高的环境也会使腹泻率明显增加。

第二节 仔猪非传染性腹泻诊断技术

仔猪非传染性腹泻的诊断,主要是要观察仔猪的临床表现,出现粪便稀薄、排便次数增加,则可视为腹泻,但诊断时要与传染性腹泻进行鉴别。除营养性腹泻与饲料有关可引起大群发生腹泻外,其他原因引起的腹泻一般只个别或少数几头发病,无窝发特征。生理性腹泻一般发生于体况较差、个体较小的仔猪,断断续续腹泻,持续时间长,粪便量少,可能带有黏液;营养性腹泻会大群发病,无论大小体况都发生腹泻,发病一般比较急剧,往往采食后不久发生,每次量多而频繁,带有未消化的饲料,以后则会减少或停止腹泻;应激性腹泻一般只个别猪只发病,发生于环境变化或断奶等特殊时期,往往腹泻几次后就自行恢复,粪便中一般没有充分消化的饲料,无黏液、血液等异物。

第三节 仔猪非传染性腹泻防治措施

一、预 防

(一)掌握断奶日龄和方法

要准确把握断奶日龄,做到适时、适当体重断奶,一般掌握在 4～5 周龄、体重 6.5～7.5 千克断奶,以提高免疫系统的耐受力。饲养条件好的可以更早一点断奶。断奶时采取"移母留仔"的方法,让仔猪留在原圈内饲养 3～5 天再转栏,以减少环境应激的影响。

(二)提前补料

及时、及早补料,促进仔猪胃肠道发育,解除仔猪牙床发痒及降低断奶后吃料的应激,一般在 7 日龄开始补料,方法是在干燥清洁的木板上撒少许乳猪颗粒料,颗粒料中一定要加入诱食剂,如香味素、奶精等,奶味越浓诱食效果越好,强制其吃料 3～4 天。当仔猪开始采食乳猪料时,便可采用料槽。补料时,要尽量少添勤添,一般每天喂 5～6 次,防止饲料浪费,每天要把剩余部分舍弃,料槽清洗消毒后再用。

(三)过好断奶关,减少断奶应激

在断奶前 1～5 天减少哺乳次数,最后 2 天夜间将母猪移舍,以减少心理应激的影响。断奶后保持"三不变",即原饲料(哺乳仔猪料)、原圈(将母猪赶走,留下仔猪)、原窝(原窝转群和分群,不轻易并圈、调群);实行"三过渡",即饲料、饲喂制度、操作制度逐渐过渡。

(四)加强环境控制

搞好环境卫生,减少应激反应,创造有利于仔猪生长的环境。主要是做好防寒保暖、清洁卫生和消毒工作,防止细菌感染;断奶仔猪进入保育舍前,要对保育舍内外进行彻底清扫、洗刷和消毒,杀灭细菌;仔猪进入保育舍后,要定期消毒,每周 2～3 次,及时清理粪便、尿等污物;做好通风、保暖及保温工作,适宜的环境温度为:体重在 5.5～7.7 千克为 27℃;7.7～12.3 千克为 25℃;12.3～18.2 千克为 21℃。断奶时按日龄、体重比断奶或比规定温度提高 2℃～3℃,尤其在秋后、冬季和早春。避免温度骤然升降,试验证明,温度连续波动,腹泻发生率明显增多。保持舍内空气相对湿度在 60%～70%最佳。

(五)调整饲料营养成分

提高饲料中赖氨酸含量,降低粗蛋白质含量。仔猪断奶后腹泻的发生率随仔猪饲料中蛋白质含量的提高而增高。因此,断奶仔猪日粮的蛋白质水平不宜过高。但是单纯降低饲料中蛋白质水平势必影响增重,实践证明,提高赖氨酸水平、降低粗蛋白质既可减轻仔猪的消化负担,有利于增重,又可预防和减轻仔猪腹泻。

（六）添加微量物质

饲料中加入酸化剂、酶制剂、益生素等提高仔猪的消化功能,如在日粮中添加柠檬酸、乳酸、丙酸等,不仅可以降低胃液 pH 值,抑制某些致病微生物的繁殖,有效地控制腹泻的发生,而且还有抗菌保健的作用。添加外源性蛋白酶、淀粉酶等,有利于饲料的消化。

（七）疫苗及药物预防

母猪产前 45 天及 15 天各注射 1 次仔猪大肠杆菌 K_{88}、K_{99} 灭活疫苗,用量为 5 毫升/头。仔猪 18～20 日龄免疫猪传染性胃肠炎流行性腹泻二联苗,后海穴注射 3 毫升/头。

药物预防:3 日龄肌内注射牲血素 1 毫升/头,5 日龄、35 日龄分别注射亚硒酸钠、维生素 E 以防止硒、铁吸收不足引起的腹泻;乳猪出生后未哺乳前每头灌服硫酸庆大霉素 4 万单位,10～15 日龄每头灌服 8 万单位,断奶前、后各肌内注射 1 次大蒜素注射液有良好效果。

二、治　疗

（一）脱水纠正及补液

复方氯化钠注射液 200～300 毫升,加青霉素 40 万单位和链霉素 0.1 克腹腔补液,每日 2 次,连用 3 天;复方氯化钠注射液或 5% 葡萄糖注射液 200～300 毫升加硫酸链霉素 80～120 毫克腹腔补液,每日 2 次,连用 3 天。

口服补液:在 100 毫升温水中加入 20 克葡萄糖、3.5 克氯化钠、2 克碳酸氢钠、1.5 克氯化钾,充分混匀,让猪自由饮水。

（二）使用抗生素

肌内注射硫酸黄连素 5～10 毫升,或青霉素 10 万～30 万单位和链霉素 10 万～30 万单位混合肌内注射；也可用恩诺沙星、土霉素、卡那霉素、庆大霉素、链霉素及磺胺类药物等。治疗时最好能联合用药，这样既能提高疗效，又能减少耐药菌株的产生。

(三)应用微生物制剂

一旦发生抗菌药物无效即可改用微生物制剂口服，以扶持肠道正常菌群，如调痢生、双歧杆菌制剂、乳酸菌素片、乳酶生、酵母片等。

(四)使用阿托品

阿托品是 M-胆碱受体阻断药，它能抑制胃肠道平滑肌的强烈痉挛，从而减少腹泻次数、延长常规抗菌药物在体内的停留时间而提高其治疗作用。因此，用阿托品配合抗生素治疗仔猪腹泻，并同时采取肠道收敛保护措施，能取得较好的治疗效果。但不能以阿托品作为治疗腹泻的药物，多次使用将引起仔猪不能排便，体内毒素增加，最终导致仔猪死亡。

第四章 仔猪病毒性腹泻

猪传染性胃肠炎（TGE，由冠状病毒属的猪传染性胃肠炎病毒所引起）、猪流行性腹泻（PED，由冠状病毒属的猪流行性腹泻病毒引起）、猪轮状病毒、博卡病毒和圆环病毒均可引起仔猪病毒性腹泻，其他如蓝耳、伪狂犬病、猪瘟也可引发仔猪腹泻。其中猪传染性胃肠炎可感染各种年龄的猪，并引起发病，传播迅速，感染率可达 90%～100%。有明显季节性，多发于冬、春寒冷季节。临床症状以消化道感染为特征，其中以仔猪症状最严重，病初主要表现沉郁、食欲减少，仔猪吃奶后呕吐，吐出物含凝乳块，排腥臭的水样粪便，呈灰黄色或灰色。病猪很快消瘦，通常 2～4 天因脱水而死。随年龄增长其症状和死亡率都逐渐降低。猪流行性腹泻的病猪表现为呕吐、腹泻和脱水。粪稀如水，灰黄色或灰色，在采食或吮乳后发生呕吐；年龄越小，症状越重。成年猪多无症状，病理变化与猪传染性胃肠炎相似。轮状病毒感染常引起仔猪消化功能紊乱，呈急性传染。临床上以呕吐、腹泻、脱水和酸碱平衡紊乱等消化道病症为特征，患病仔猪排黄白色或灰暗色水样或糊状稀便，初生仔猪感染率高，发病严重，死亡率可达 100%。三者的症状非常相似，单靠临床症状往往不易做出准确的诊断，所以要通过实验室检测病原确诊。

第一节 仔猪传染性胃肠炎

猪传染性胃肠炎是由冠状病毒引起的猪的一种高度接触性肠道传染病，临床表现为呕吐、腹泻和脱水，可感染不同日龄段的猪，潜伏期随感染猪的年龄而有所差异，仔猪潜伏期一般为 12～24 小时,大猪多为2～4小时。本病传播迅速,数日内可传遍全场或一个地区的猪群。发病猪突然呕吐,紧接着发生剧烈的水样腹泻,粪便呈淡黄色、绿色或灰白色,病猪日龄越小,病程越短,病死率越高。

一、病因及流行病学特点

该病病因为猪传染性肠胃炎病毒,属于冠状病毒科,冠状病毒属。为单股 RNA 病毒,呈多形性,表面有丝状突起的纤突,有囊膜,该病毒对光和温度敏感,阳光照射 6 小时或 56℃ 90 秒钟、65℃ 10 秒钟就可以杀死病毒,或 0.5％碳酸溶液 37℃ 30 秒钟也可杀死病毒。

病毒主要存在于猪体各器官、体液和排泄物中,以空肠、十二指肠组织、肠系膜淋巴结含量最高。病毒随粪便、呕吐物、乳汁、鼻分泌物以及呼出的气体排出体外,污染饲料、饮水、空气、土壤、用具等,能通过消化道和呼吸道传染。

本病的发生流行有 3 种形式:一是暴发性流行,多见于新疫区,一旦发生很快传染所有年龄的猪,症状典型,10 日龄以内的仔猪死亡率很高;二是地方性流行,常发生在老疫区,本地猪有一定的抵抗力,但由于不断地从外地购买新猪或引进易感猪,故病情有重有轻;三是周期性流行,常因本病在一个地区或一个猪场流行数年后,可能由于猪群都获得了较强的免疫力,仔猪也能得到较高的母源抗体,病情常平息数年,后因猪群的抗体水平逐年下降,当遇到引进传染源后又会引起本病的暴发。

本病的流行有明显的季节性,常于深秋、冬季和早春(11 月份至翌年 4 月份)广泛流行,特别是在气候突变后常有病例发生。老疫区,仅对哺乳仔猪和断奶仔猪危害较重,其他猪危害较轻。

二、临床症状及病变

(一)临床症状

本病发病急,传播快,几天内可蔓延到全群。

急性发病表现为呕吐、水泻如陈米汤样、为污浊灰黄色的水样粪便。仔猪还带有未消化凝乳块,腥臭难闻,后躯污染严重。病猪极度口渴、脱水、消瘦。日龄越小,病死率越高(见彩页图1)。

仔猪发病突然,先发生呕吐,吐出白色乳块并混有少量黄色液体,接着发生水样腹泻,粪便呈绿色或灰白色,带有未消化的乳凝块,有恶臭。病猪极度脱水,体重明显下降,被毛粗乱,出现口渴,日龄越小,病程越短,一般在1周内死亡。个别仔猪愈后成为僵猪。

肥育猪和成年猪症状较轻,食欲减退,个别猪呕吐、水样腹泻,呈喷射状,粪便呈黄绿色或灰色。哺乳母猪泌乳量下降或停止,1周左右可以恢复,极少死亡。发病猪体温一般正常。

(二)病理变化

病猪呈卡他性胃肠炎,胃内充满凝乳块,黏膜充血(见彩页图2),小肠(空肠最严重,回肠次之)扩张、腔内充满黄色泡沫状液体,肠壁变薄,缺乏弹性,呈半透明状,大肠黏膜充血,内含稀薄液体,肠系膜淋巴结肿胀(见彩页图3)。严重的病猪出现脱水,最后死亡;组织学检查可见肠绒毛显著缩短,黏膜上皮细胞坏死、脱落,黏膜水肿,淋巴结细胞浸润。

三、诊断技术

(一)临床诊断

一般可根据发病急,各种年龄的猪发生呕吐、水样腹泻(见彩页图4)、脱水等特征为诊断依据。但引起猪腹泻的因素很多,首先要确定是否是由病毒引起的腹泻,才好对症治疗。在临床上主要区分致病因素是细菌性还是病毒性及其他致病因子引起表现腹泻症状的疾病,如等孢球虫病、劣质饲料等引起的腹泻,便于有效地综合治疗。通常准确判断是什么病原体引起的发病,应由相应的化验室来完成。但由于广大基层兽医人员没有化验室检验条件,而且病猪也无法等到化验结果出来才去治疗。简易判断是细菌性还是病毒病性的方法是根据发病猪粪便液的 pH 值做出初步判断,一般病猪排泄的腹泻液的 pH 值呈碱性的多为大肠杆菌等细菌性疾病,而腹泻液的 pH 值呈酸性的多为病毒引起的发病。

(二)实验室诊断

1. 病原学诊断技术 病原学诊断技术主要有病毒分离鉴定、电镜检测、免疫组化法、酶联免疫吸附试验(ELISA)技术、免疫胶体金快速诊断技术等。采集感染猪只的小肠内容物、粪便、肠系膜淋巴结等,可接种 14 日龄内的健康哺乳仔猪或用 ST 细胞进行病毒分离。通过人工感染试验只能结合临床症状做出初步诊断,但不能最终确诊,且需较高成本。

ELISA 检测技术操作简便、快速,用抗传染性肠胃炎病毒多克隆抗体或单克隆抗体双层夹心 ELISA 已被应用于细胞培养的病毒、粪便和肠道内容物中传染性肠胃炎病毒的检测,同时可用于检测大量的临床腹泻样品。ELISA 检测结果的可靠性和准确性与诊断试剂的特异性有密切关系,故 ELISA 检测方法非特异性强、稳定性差。Lanza 等建立的单抗捕获抗原的 ELISA 检测临床样品的结果与病毒中和试验的符合率高,而间接 ELISA 的较低。免疫胶体金诊断技术发展较快,已开始应用于动物医学领域。

2. 血清学诊断技术 血清学诊断有利于对抗体水平的监测,以便制定合理的免疫程序,还能为种猪的引进提供可靠依据,有利于对该病的净化。传染性肠胃炎病毒抗体可以通过以下几种血清学方法检测:血清中和试验(SN)、酶联免疫吸附试验(ELISA)等。血清中和试验(SN)是血清学诊断技术中的基础方法,利用病毒与特异性中和抗体相互作用后失去对敏感细胞(ST 细胞)感染力的机制。血清中和试验虽然具有直观性和可靠性,但其操作繁琐且耗时,不适合应用于临床上大量样品的快速检测;另一方面,因 PRCV 与 TGEV 的有抗原相关性,可能会有假阳性反应。ELISA 检测技术具有敏感性高、特异性高等优点,在临床检测中已被广泛应用。用病毒作为抗原制备的 ELISA 对 PRCV 与 TGEV 不能进行鉴别诊断,而用重组表达的 S 蛋白建立的阻断 ELISA 可鉴别 PRCV 与 TGEV 的抗体,试验表明该方法与血清中和试验结果符合率很高。Sestak 等采用杆状病毒表达系统表达的 S 蛋白建立了竞争 ELISA 检测方法,不仅均具有良好的特异性和稳定性,还能区分 TGEV 和 PRCV 抗体。有研究者利用重组表达的 N 蛋白建立的抗体检测 ELISA 方法,检测结果与病毒中和试验的符合率为 98%,与猪流行性腹泻病毒血清没有交叉反应。2009 年,Mfyazaki 等利用病毒中和试验(VN)和商业化的阻断 ELISA 对日本的部分猪场进行了 TGEV 和 PRCV 抗体检测,发现在部分 PRCV 抗体阳性猪场中存在 TGEV 感染的现象。

3. 分子生物学检测技术 随着分子生物学的发展,分子生物学检测技术因稳定性和可靠性而受到人们的青睐。核酸杂交探针技术不仅可以检测粪便样品和不同感染组织中的病毒,也可用来鉴别诊断。利用反转录-聚合酶链式反应(RT-PCR)方法检测猪传染性胃肠炎病毒(TGEV),不仅具有良好的特异性和敏感性,而且操作简便,适合大量临床样品的检测,有利于流行病学调查。

(三)鉴别诊断

本病应注意与猪流行性腹泻、仔猪黄白痢、仔猪副伤寒、猪轮状病毒感染和猪痢疾等疾病相区别。猪流行性腹泻与本病在流行病学、症状和病理变化上无显著差别,但在发病率上比本病要低;仔猪黄痢主要发生于 1 周龄的新生仔猪;仔猪白痢多发生于 10～20 日龄仔猪;猪梭菌性肠炎发生于 1 周龄以内的新生仔猪,排血痢;仔猪副伤寒(肠炎性)多发生于1~4月龄仔猪,排出灰黄色或灰绿色水样粪便;猪痢疾发生于各种年龄的猪,但主要是2~3月龄仔猪多发,腹泻粪便中含有黏液和血液;猪轮状病毒病,在症状和病理变化是很难与本病及猪流行性腹泻相区别,但猪轮状病毒病多发生于8周龄以内的仔猪。

四、防治措施

(一)预 防

1. 综合性防疫措施 要制定好各项消毒隔离规程,在寒冷季节注意仔猪舍的保温防湿,避免各种应激因素,抓好饲养管理。在本病的流行地区,对预产期20天内的妊娠母猪及哺乳仔猪应转移到安全地饲养,或进行紧急免疫接种。

2. 免疫接种 平时按免疫程序有计划地免疫接种。目前,预防本病的疫苗有活疫苗和油剂灭活疫苗2种,活疫苗可在本病流行季节前对猪普遍接种,而油剂苗主要接种妊娠母猪,使其产生母源抗体,让仔猪从母乳中获得被动免疫。

(二)治 疗

治疗本病时应尽量通过口服(饮水或拌料)进行治疗,对于不吃不喝的猪可进行灌服,这样有利于肠道直接吸收,比打针效果明显。

①抗菌消炎。虽然本病是由病毒所引起来的,但如果造成继发感染,则会加重病情,加重死亡率,所以要应用抗菌药物防止继发感染。有条件的猪场或饲养户最好先进行药敏试验,选择敏感的药物进行对症治疗;没有条件的尽量选择平时用的较少的药物进行治疗。结合药敏试验和临床应用情况,有效药物有氨苄青霉素、强力霉素、氟苯尼考、头孢类药物、恩诺沙星等。

②配合抗病毒药物进行同时治疗,如蓝环百毒清等。

③用阿托品、矽炭银等止泻,进行对症治疗,但在发病初期尽量不要使用。

④调整胃肠功能,用维生素 B_1、干酵母、微生态制剂等。

⑤防止脱水。许多养殖户存在这样的误区,病猪出现腹泻症状后,就停止或减少猪的饮水量,以为这样就可以减轻猪的症状。这种情况下,非常容易造成脱水,因为猪腹泻时本身就造成大量的水分流失,如果再停止给猪只饮水很容易造成猪只脱水而死亡。为了防止脱水,要在饮水中加入葡萄糖、口服补液盐、电解多维等。

第二节　仔猪流行性腹泻

猪流行性腹泻是由猪流行性腹泻病毒(PEDV)引起猪的一种高度接触性肠道传染病,该病于 1971 年在英国首次报道,不久相继在比利时、德国、瑞士、日本等国家流行发生。1976 年,我国首次报道了有该病的存在。到 2000 年,猪流行性腹泻已在我国绝大多数省、直辖市、自治区广泛流行,给养猪业造成很大的经济损失。近年来,该病的流行区域和流行强度有不断扩大的趋势,对哺乳仔猪可造成很高的致死率,是近年来我国多数猪场中哺乳仔猪高死亡率的主要病因之一。

猪流行性腹泻是由冠状病毒科冠状病毒属的猪流行腹泻病毒引起的以急性腹泻和脱水为临床特征的高度接触性肠道传染病。该病与猪传染性胃肠炎有类似的流行特点、临床症状和病理变化,临床上很难区分,但不存在血清学交叉现象,对哺乳仔猪的致死率较低。在寒冷季节,猪流行性腹泻的发病率较高,严重影响饲料转化率。意大利最先发现 PEDV 在不同日龄的猪群均有发生,新生仔猪的致死率高达 34％;生长育肥猪群的感染率为 20％～80％,但致死率很低或没有死亡现象。

一、病因及流行病学特点

猪流行性腹泻病毒属于冠状病毒科、冠状病毒属。到目前为止,还没有发现本病毒有不同的血清型。本病毒与猪传染性胃肠炎病毒没有共同的抗原性。病毒粒子呈多形性,倾向球形,直径95～190纳米,外有囊膜,囊膜上有花瓣状突起,核酸型为核糖核酸(RNA),病毒只能在肠上皮组织培养物内生长。病毒对外界环境和消毒药抵抗力不强,本病毒对乙醚、氯仿敏感。从患病仔猪的肠灌液中浓缩和纯化的病毒不能凝集家兔、猪、豚鼠、绵羊、牛、马、小鼠、雏鸡和人的红细胞。

病猪是猪流行性腹泻病毒主要传染源。病毒存在于肠绒毛上皮细胞和肠系膜淋巴结,随粪便排出后,污染环境、饲料、饮水、交通工具及用具等而传染。主要感染途径是消化道。如果一个猪场陆续有不少窝仔猪出生或断奶,病毒会不断感染失去母源抗体的断奶仔猪,使本病呈地方性流行。

本病多发生于寒冷季节,流行有不很明显的周期性,常在某地或某猪场流行几年后,疫情渐趋缓和,间隔几年后可能再度暴发。在新疫区或流行初期传播迅速,发病率高,在1～2周可传遍整个猪场,以后断断续续发病,流行期可达6个月。

现今仔猪流行性腹泻的流行具有了新的特点:

(一)易感日龄提早

哺乳仔猪是该病的高发日龄(累计占80%～90%),症状也最严重。主要表现为出生几天的仔猪先表现呕吐症状,多发生在吮乳之后几个小时,吐出带黏液的黄白色胃内容物,接着出现水样腹泻,腹泻物呈黄色(或蛋花样)灰色或透明水样,顺肛门流出,沾污臀部;严重的病例在肛门口下方可见皮肤发红,全身脱水严重,眼窝下陷,行走蹒跚,食欲减退或废绝,仔猪消瘦,皮肤呈油腻状,腹泻1～3天后因脱水严重而死亡,发病率达100%,死亡率达80%～100%,用药治疗效果都不理想,剖检哺乳仔猪可见胃内有大量凝乳块沉积,胃壁有不同程度的出血斑,小肠膨胀,肠系膜淋巴结肿大,切开胃壁可见胃内膜出血严重,肠管内有黄色液体和气体,刮取小肠黏膜镜检,可见小肠绒毛脱落严重或形成空泡。断奶保育猪也会出现个别的呕吐症状,多数小猪在短时间内也都有水样腹泻,早期排出黄色水样稀便,到中后期(4～5天后)粪便变为灰黄色或灰色稠状稀便,发病率可达100%,但死亡率较低(只有5%～20%)。对中大猪和母猪来说症状相对较轻,个别患猪也会出现呕吐症状,并出现精神沉郁、不吃食或少食,个别猪或部分猪出现腹泻症状,经3～5天后,绝大多数患猪都会恢复正常食欲,极少数也会持续10天以上。哺乳母猪发生该病后往往还出现泌乳量减少或无乳现象。中大猪和母猪的发病程度与猪群是否免疫相关疫苗以及饲养管理条件好坏关系较大。

(二)流行范围广

全国各地都有发生,多数都发生在规模化猪场,对做过2次传染性胃肠炎流行性腹泻二联灭活苗或三联灭活苗的猪场,发病程度相对较轻,仅部分或个别窝出现腹泻死亡;做过1次和没有做过相关疫苗免疫的猪场比较严重。

(三)时间跨度大病程持续长

按照以往的文献记载,猪流行性腹泻一般都集中在每年的冬季和春季发生,而现在夏天炎热季节也有个别病例发生。

(四)病原毒力明显增强

病原属于冠状病毒属,理论上讲该病只有1个血清型,但随着该病在不同国家和地区的流行,有可能在不同地区存在一些变异株,从近几年来流行性腹泻病毒对哺乳仔猪的危害性来看,该病毒的毒力明显增强了,但是否是由于该病毒的变异造成的还是与目前全球极端气候变化有关有待进一步深入研究。

(五)传播途径多样化

理论上讲该病主要经口直接感染传播,其中最主要是患猪或康复猪排出带毒粪便感染了饲料,饮水而造成直接感染,但是某些非常偏僻的猪场也会感染该病,可能与猪场的闲杂人员,运输车辆,猪场的蚊、蝇、鼠、候鸟等间接传染有关。此外有报道,该病还可以经呼吸道传染和人工授精的精液传播。由于上述多方面的传播途径,也是造成近年来猪流行性腹泻大面积流行的原因之一。

二、临床症状及病变

(一)临床症状

潜伏期很短,一般为15～18小时,有的可延长到2～3天。主要临床症状为水样腹泻和呕吐,呕吐多发生于吃食或吮乳后。病猪体温正常或稍高,精神沉郁,食欲减退或废绝。症状的轻重随年龄的大小而有差异,年龄越小,症状越重(见彩页图5)。7日龄内的新生仔猪发生腹泻后3～4天,呈现严重脱水而死亡,死亡率可达50%～100%。断奶仔猪、母猪常表现精神委顿、食欲下降和持续性腹泻,约1周后逐渐恢复正常。肥育猪感染后发生腹泻,1周后康复,死亡率1%～3%。成年猪症状较轻,有的仅表现呕吐,重者水样腹泻,3～4天后自愈。

该病病原较为复杂,所以各个猪场的症状不尽相同,但共同点是发病前猪的临床症状不明显,只出现少食或不食现象,体温正常,粪便无异常,持续1～2天发病。发病猪陆续出现颜色一致的草绿色水样腹泻,粪便呈酸性,有一股很特别的臭味(细菌性腹泻的粪便一般为碱性),有的出现呕吐。腹泻持续时间:成年猪1～2天,乳猪、小猪3～4天,个别长达7天。仔猪的典型症状是突然发生呕吐,随后迅速发生剧烈的腹泻,呈黄色、淡绿色或灰白色水样粪便,内含未消化的凝乳块。病猪迅速脱水、精神沉郁、被毛粗乱,少吃或不吃、脱水消瘦,一般于2～5天死亡,10日龄以内的仔猪死亡率高达50%～100%,随日龄的增加死亡率降低。初生仔猪感染本病死亡率达90%,10～20日龄仔猪死亡率10%～30%。哺乳母猪常因脱水导致泌乳减少或停止。妊娠母猪很少发生流产,病猪体温多数正常。

(二)病理变化

病死猪尸体消瘦脱水,皮下干燥,胃内有多量黄白色的乳凝块。小肠病变具有特征性,通常肠管膨胀扩张、充满黄色液体。肠壁变薄,肠系膜充血,肠系膜淋巴结水肿(见彩页图6)。显微镜或放大镜下观察可见小肠绒毛缩短,显著萎缩。眼观变化仅限于小肠,小肠扩张,内充满黄色液体,肠系膜充血,肠系膜淋巴结水肿,小肠绒毛缩短。组织学变化,见空肠段上皮细胞的空泡形成和表皮脱落,肠绒毛显著萎缩。绒毛长度与肠腺隐窝深度的比率由正常的7:1降到3:1左右。上皮细胞脱落最早发生于腹泻后2小时。

三、诊断技术

本病的流行病学、临床症状、病理变化基本上与猪传染性胃肠炎相似,只是病死率比猪传染性胃肠炎稍低,在猪群中传播速度也比较缓慢一些,因此根据临床特点可做出初步诊断。确诊主要依靠血清学诊断,常用酶联免疫吸附试验、荧光抗体染色、人工感染试验方法。

(一)临床诊断

寒冷的冬、春季节是本病的流行盛期。由于该病的潜伏期很短(1~2天),往往从外地引进猪后不久全场突然暴发本病。病猪呕吐、腹泻,粪便恶臭、稀薄,呈水样,为灰色、灰黄色或淡黄绿色。迅速脱水,消瘦,年龄越小,症状越重,死亡率越高。刚出生的仔猪死亡率可达100%;断奶仔猪、肥育猪及母猪症状较轻,主要表现为厌食、呕吐、腹泻,一般4~7天后逐渐恢复正常;成年猪仅呕吐、厌食,3天左右即可自愈。

剖检病变主要局限于小肠,肠腔内充满黄色液体,肠壁变薄,肠系膜充血,肠系膜淋巴结水肿,胃内空虚,有的充满胆汁黄染的液体。组织病理学的变化主要在小肠和空肠,肠腔上皮细胞脱落,造成肠绒毛显著萎缩,绒毛与肠腺(隐窝)的比率从正常的7:1下降到 3∶1 左右。

(二)实验室诊断

1. 病原学诊断 人工感染的仔猪,在接种后 4 天,以粪便直接用电子显微镜可观察到病毒粒子,因此可直接用病猪的粪便检查 PEDV 粒子或用胎猪组织原代细胞或 Vero 细胞等培养分离病毒。还可应用仔猪人工感染试验,选用 2～3 日龄不喂初乳的仔猪,将病猪小肠组织或肠内容物制成悬液,经口服感染仔猪,如果试验猪发病,再取小肠组织做荧光检查。

2. 免疫荧光检测 取病猪或人工感染发病的仔猪小肠做冰冻切片或肠黏膜抹片,风干后丙酮固定,荧光抗体染色,在荧光显微镜下观察。出现腹泻后 6 天,在空肠和回肠肠段的 90％～100％、十二指肠 70％～80％可出现荧光细胞,而且在回肠和空肠近段和十二指肠出现得早些,96 小时荧光细胞再次增多。间接免疫荧光也是特异性较高的一种诊断方法,病愈后 20 天至 2 周以上阳性检出率为 89％。

四、防治措施

本病无特效药治疗,通常应用对症疗法,可以减少仔猪死亡率,促进康复。发病后要及时补水和补盐,给大量的口服补液盐防止脱水,用肠道抗生素防止继发感染可减少死亡率。可试用康复母猪抗凝血或高免血清每日口服 10 毫升,连用 3 天,对新生仔猪有一定治疗和预防作用。同时,应立即封锁,严格消毒猪舍、用具及通道等。预防本病可在入冬前 10～11 月份给母猪接种弱毒疫苗,通过初乳可使仔猪获得被动免疫。

我国已研制出 PEDV 甲醛氢氧化铝灭活疫苗,保护率达 85％,可用于预防本病。还研制出 PEDV 和 TGE 二联灭活苗,这两种疫苗免疫妊娠母猪,乳猪通过初乳获得保护。在发病猪场断奶时免疫接种仔猪可降低这两种病的发生。

（一）预　防

1. 加强饲养管理　做好猪场防冻保暖工作，以增强猪群抗病力，减少发病率和死亡率。做好猪场卫生防疫工作，搞好消毒、隔离措施，杜绝外来人员进入猪场。猪舍、地面及用具的消毒可用2％氢氧化钠、农福（复方煤焦油酸溶液）和抗毒威。控制饲料喂量，给予充足饮水，并给猪饮用补盐液或自配糖盐水，以防猪脱水死亡。自配糖盐水可用糖 2.5 千克、盐 0.45 千克和温开水 50 升拌匀制成。给猪服用抗病毒药和抗菌药，以防继发感染。发病期间，每天都应做好猪舍的清洁卫生消毒工作。

2. 疫苗预防　每年冬天 10～11 月份母猪、种公猪全群接种传染性胃肠炎-流行性腹泻二联苗，每头 1 头份，经产母猪产前 1 个月接种 1 头份/头，后备母猪产前 40 天和 20 天分别接种 1 头份/头。仔猪断奶后 10～15 天接种 1 次。疫苗注射用后海穴注射效果比颈部肌内注射好。

（二）治　疗

1. 西药治疗　抗病毒药和抗菌药，可用 0.05％诺氟沙星（氟哌酸）或 0.05％痢菌净或 0.02％吗啉胍，服用方法为拌水或拌料内服。泻痢停＋加力健肌内注射，1 次/天，泻痢安口服，连用 3～4 天。痢即停＋加力健肌内注射，1 次/天。康复猪血疗法：选择典型发病康复后 13～18 天无继发病的猪，制成抗凝血。治疗剂量为：哺乳仔猪皮下肌内注射 3～5 毫升/头，后备母猪 20 毫升/头，哺乳母猪 30 毫升/头。预防量：哺乳仔猪 3～5 毫升/头，后备母猪10 毫升/头，哺乳母猪 20 毫升/头。注射 1 次即可。

2. 中药治疗　二黄散：黄连、黄芩各 100 克，乌梅、石榴皮、诃子各 60 克，芦根、葛根、白芍、生地榆各 80 克，干姜、炒山楂各 40 克，甘草 20 克，粉碎，过 16 目筛，混合均匀后分装，每袋 100 克。发病初期，对采食正常猪及同群受威胁猪可在饲料中添加 10 克/千克供猪自由采食，连服 3 天。对仅有饮欲不吃食的猪，每头日用

20 克加入水中,配合口服补液盐供猪饮用。对食欲废绝的猪,每头每日 20 克温水冲调后灌服。同时,对发病猪舍进行严格消毒,每日用百毒杀(癸甲溴铵溶液)喷雾消毒 1 次,连用 5 天。

五、返饲的制作方法

(一)返饲的概念

"返饲"就是将发病仔猪的肠和粪便感染妊娠母猪而产生免疫力,通过初乳将免疫蛋白传递给仔猪,从而起到保护仔猪的作用,这种方式叫"返饲"亦叫人工感染。

根据猪流行性腹泻病毒为冠状病毒的病原特征、致病机理和流行特征,认为科学合理的返饲是目前控制猪流行性腹泻最有效的措施之一,通过返饲可使新生仔猪通过母乳获得高滴度的母源抗体,以抵抗病毒的感染,返饲对冠状病毒和轮状病毒感染控制均有效。有效返饲关键点在于适时采集病料,使用科学的制备方法及制定合适的返饲管理程序等几个方面。

(二)流行性腹泻返饲的制作方法

1. 所需器械 可调高速组织捣碎机、电子秤(精确到 0.1 克)、新鲜牛奶、抗生素(80%阿莫西林或其他)解剖器械、手术刀、剪刀、缝线、干洁塑料胶杯、干洁塑料瓶 玻璃棒、消毒剂等。

2. 猪只的选择 7 日龄之内发病,第二天还活着的仔猪(必须是刚感染病毒并发病的仔猪)最好出现腹泻之前有呕吐症状的仔猪,另外仔猪腹泻的同时最好母猪也有腹泻,母猪为伪狂犬野毒和蓝耳病毒双阴性,如果返饲不当,容易导致 PRRSV(蓝耳)的暴发。

3. 病料的扩增 用含有腹泻病毒的病料进行人工感染,让刚出生未吃初乳的仔猪发病。用于发病实验的母猪需要 PRRSV(蓝耳)阴性,伪狂犬野毒抗体阴性。

4. 病料的选取和处理 患病仔猪放血后需用清水冲洗,将体表的粪便等污物冲洗干净,然后用手术刀小心剖开腹部皮肤,勿将肠管割破,剖开腹部后,取充盈变薄的肠管,顺十二指肠向下,当找到十二指肠与空肠的大致交界处时用缝线结扎此处,之后找到回盲交界处也用缝线结扎,用手术剪剪下两个结扎点之间的小肠段部分,连同小肠内容物一起置入塑料杯中,若整个肠道充盈变薄,可一并采用,采好小肠要立即置于低温处保存,4℃以下均可以。

当采集足够的小肠组织后,用干净无污染的手术剪将其剪成碎状小块,捣碎前每100克组织添加鲜牛奶300毫升,温度低于10℃以下。捣碎后每400克上述混合物添加80%阿莫西林2克,然后用玻璃棒充分搅拌,搅拌时间不少于10分钟,用干净的500毫升生理盐水瓶封装,密封瓶口,如需保存,需急冻,-20℃保存。

5. 返饲的使用方法 病料稀释:用4℃~10℃鲜奶或生理盐水稀释,每瓶加650毫升进行稀释,每20毫升稀释物中含病料2克,产前21天之内的母猪一次转入产房或其他闲置房间,产房内母猪不得饲喂。除产房母猪外的所有母猪一次性投喂,包括后备母猪。一定要专人监督,将足量病料放饲料上,确保让每头母猪吃完。保证吃到足量的病料,料槽内的水一定放干净,以免槽内的水影响母猪采食病料。返饲后每天观察并记录猪群有无出现食欲降低、呕吐或腹泻等症状。

每次使用后的空瓶及用剩的疫苗要在瓶盖打开的情况下及时投入现配的5%烧碱溶液中销毁。疫苗的制作、饲喂、无公害化处理都应由专人操作,每次操作完毕后立即更换工作服及胶鞋,并置入消毒房清洗消毒,当天不得再进入生产线。

6. 返饲效果的评估 一般以返饲后3~5天,未发病猪只返饲后出现食欲降低、呕吐或腹泻等症状为返饲成功的标志。返饲的效果可能会因种猪群流行性腹泻疫苗免疫的情况有所不同,若近期免疫过相关疫苗,出现上述症状的返饲猪群达到50%以上,则可以认为返饲成功。如果种猪群没有免疫过相应疫苗,则以

80%以上出现症状视为有效 否则要进行第二次返饲。

7. 注意事项 投喂后 12 天内其他环节人员不得进入配怀舍,含后备母猪舍。配怀舍人员也不能进入其他生产环节,投喂后 12 天内配怀舍母猪不能进产房,但产房母猪随时可以进配怀舍,投喂后 2~5 天母猪会出现减料、呕吐、下痢等病状,上述病猪要达到 50%以上说明这次返饲成功,若达不到发病率,应对没有发病的猪重喂一次。投喂后 2 天内配怀舍不作消毒,发病猪前 2 天可不做治疗,这种方法可能会导致少量母猪流产,尤其是配种后一个月的母猪,所以切勿盲目加大剂量,本病毒怕热,整个过程尽可能在低温下操作,以免病料中病毒失活,导致返饲失败。

8. 母猪返饲无效的原因分析

(1)病料选择不合理 有些猪场返饲用的病料不是仔猪的肠道组织,而是仔猪粪便,另外有可能病料本身不含流行性腹泻病毒,仔猪在感染 PEDV 时,PEDV 在仔猪空肠中后段、回肠和盲肠黏膜绒毛柱状上皮细胞内复制、增殖,并破坏肠黏膜柱状上皮细胞,在这些肠道组织内含毒量最高。

(2)饲喂的抗原量不足 肠道组织在发病的不同时间段病原含量不同,仔猪在发病时肠道病原含量最高,此时肠道组织充盈、变薄。发病时间太长,尤其是有些小猪脱水将死亡或是已经死亡,其肠道组织病变不明显,其病原含量低。相同单位质量的病料在发病高峰期和疾病转恢复病原含量要相差 $10^2 \sim 10^3$ 倍,如果采集病死猪或是病变不典型的病料,需返饲多次才能达到目的需要,因此有些猪场每周返饲 3 次;连续 3 周都不见效,这很可能与病料抗原含量有关,用抗原含量不足的病料返饲给母猪,母猪不能充分接触到病原,就不能产生较高的免疫力,从而导致返饲失败。

(3)抗原失活 加工后没有立即饲喂。有些病原脱离动物后会很快死亡,其抗原性发生改变而削弱了返饲效果。PEDV 对光照和温度都不稳定,猪传染性胃肠炎病毒对光很敏感,在含有 105

感染滴度的肠道排泄物中的病毒,在阳光下照射 6 小时后全部被灭活。虽然灭活对病毒的抗原性不一定有影响,但由于病毒被灭活,就不能在体内增殖,因而总的抗原量就会减少。因此,病料的处理和使用要在低温条件下进行。最好在 1 小时内完成。如果短时间内完不成返饲,需要将病料放在装有冰袋的泡沫箱内低温保存,长时间保存病料一定要在−20℃。

（4）返饲对象不合适　至少要选择产前 3 周的母猪进行返饲。猪流行性腹泻病毒在试验感染后 2～6 天内可经粪拭子检出抗原,其中接种后 4～5 天为排毒高峰。排毒可以持续 63～67 天,母猪在产房排毒也就越少。此时小猪通过初乳获得免疫力,可以抵抗病毒的进攻。国内一些资料建议在怀孕母猪分娩前两周,或者对所有母猪返饲的做法效果不佳,可能与母猪距分娩时间较近,不能产生充足的抗体,母猪在产房大量排毒有关。

（5）返饲时机不当　每次在疾病暴发时进行返饲,会造成大规模的损失,并且 PEDV 一旦感染,在猪群中很难清除。在仔猪母源抗体水平低、环境恶劣的情况下很容易发病。因此可以考虑在每年夏季将病料给母猪饲喂,主动给母猪接触病原,包括后备猪,以迅速扩散感染并同期产生免疫力,在腹泻很严重的猪场,可以把发病后 1～2 天的仔猪收集肠道,冷藏备用,在夏天制成返饲用的病料给母猪返饲。

返饲具有快速、简单和低成本的特点,但由于猪场一般很少对病原做分离鉴定,因而病料中所含病原的性质和含量都不确定,则返饲效果有时难以保障。在仔猪腹泻暴发的猪场,一般是母猪先有不食、腹泻等问题,如果母猪没问题只是仔猪腹泻,可能是其他原因的腹泻,最好采集病料做病原鉴定,然后及时采取综合有效的防控措施。

第三节　仔猪轮状病毒性腹泻

　　仔猪轮状病毒性腹泻是由猪轮状病毒引起的急性肠道传染病,是危害养猪业的主要疾病之一。轮状病毒属于呼肠孤病毒科轮状病毒属,是各种幼龄动物非细菌性腹泻的主要病原之一。猪轮状病毒感染是主要以仔猪厌食、呕吐、腹泻、脱水和酸碱平衡紊乱为特征性症状的疾病。1968 年美国的 Mebus 等首次从犊牛粪便中分离出轮状病毒,1973 年澳大利亚学者 Bishop,在胃肠炎患者的十二指肠超薄切片中也发现了轮状病毒。目前,该病在我国和世界各养猪国家普遍存在,其造成的直接或间接经济损失也非常巨大。

一、病因及流行病学特点

　　轮状病毒呈车轮状外观,直径在 70 纳米左右。轮状病毒在环境中相当稳定,对温度、pH 值、化学物质和常用消毒药有耐受性。在 pH 值 3～9 时都稳定,粪便中的病毒颗粒在 60℃时可耐受 30 分钟,在 18℃～20℃时可耐受 7～9 个月。

　　各种年龄的猪都可感染本病,但以 8 周龄以内仔猪,尤其在 13～39 日龄多发,感染率可达 90％～100％。病猪和隐性带毒者是本病的主要传染源。消化道是主要传染途径,病猪排出粪便污染饲料、饮水和各种用具,可成为本病的传染因素。本病多发于寒冷的晚秋、冬季和早春季节,传染方式多为暴发或散发。寒冷、潮湿、卫生不良、饲料营养不全和其他疾病的侵袭等,均能促进本病的发生。

二、临床症状及病变

(一)临床症状

病猪经常发生呕吐。迅速发生腹泻,呈水样或糊状,粪便颜色有黄白色、灰色或暗黑色。常在严重腹泻后 2~3 天产生脱水。由于脱水,导致血液酸碱平衡紊乱,最后衰竭致死。本病的严重程度,取决于仔猪日龄和环境状况,初生仔猪感染率高,发病严重,死亡率达 100%;10~20 日龄仔猪症状轻,死亡率 10%~30%。当外界温度下降、继发感染大肠杆菌时,能使病情加重和死亡率增加。

(二)病理变化

特征性病变主要局限在胃肠道。其中以小肠的变化最明显,而胃的变化多是由小肠病变所引起。剖检可见,胃壁弛缓,扩张,膨大,胃内充满凝乳块和乳汁。这是胃内容物后送障碍所引起的。肠道臌气,肠内容物呈棕黄色水样液及黄色凝乳样物质,肠壁菲薄半透明;有时见小肠发生弥漫性出血,肠内容物淡红色或灰黑色。肠系膜淋巴结充血、肿大,多呈浆液性淋巴结炎的变化。其他器官常发生不同程度的变性变化(见彩页图 7)。镜检时以空肠及回肠的病变最为明显。其特征为绒毛萎缩而隐窝伸长。

三、诊断技术

依据流行特点、临床症状和病理变化,如发生在寒冷季节,病猪多是幼龄仔猪,仔猪在 7 日龄以下不发病,在 13~39 日龄发病较多;主要症状为腹泻,剖检以小肠的急性卡他性炎症为特征等,即可做出初步诊断。确诊要进行实验室诊断。

(一)临床诊断

轮状病毒病多发生在晚秋、冬季和早春季节,应激因素,特别是寒冷、潮湿、不良的卫生条件,患病猪病初食欲不振,精神沉郁,出现呕吐和腹泻,粪便呈水样、糊状或似乳清样液体,粪便呈黄绿色、灰白色或黑褐色,腹泻病猪出现严重的脱水和体重下降。

病变主要限于消化道,胃弛缓,内充满凝乳块和乳汁,小肠壁变薄,呈半透明状,肠内容物呈浆性或水样,灰白或灰黑色,肠系膜淋巴结水肿,胆囊肿大,肠绒毛萎缩。

(二)实验室诊断

采取猪发病后 25 小时内的粪便,装入青霉素空瓶,送实验室检查。采用夹心酶联免疫吸附试验,也可做电镜或免疫电镜检查,均可迅速得出结论。还可采取小肠前、中、后各 1 段冷冻,供荧光抗体检查。

(三)鉴别诊断

引起腹泻的原因很多,在自然病例中,既有轮状病毒、冠状病毒等病毒的感染,又有大肠杆菌、沙门氏菌等细菌感染,从而使诊断工作复杂化。因此,诊断本病应与猪传染性胃肠炎、猪流行性腹泻和大肠杆菌病、沙门氏菌病等病进行鉴别。

1. 猪传染性胃肠炎 由冠状病毒引起,各种年龄的猪均易感染,并出现程度不同的症状;10 日龄以内的乳猪感染后,发病重剧,呕吐、水样腹泻呈喷射状、脱水严重,死亡率高。剖检见胃肠变化均较重,整个小肠的绒毛均呈不同程度的萎缩;而轮状病毒感染所致小肠损害的分布是可变的,经常发现肠壁的一侧绒毛萎缩而邻近的绒毛仍然是正常的。

2. 猪流行性腹泻 由冠状病毒所致,常发生于 1 周龄的乳猪,病猪腹泻严重,常排出水样稀便,腹泻 3～4 天后,病猪常因脱水而死亡;死亡率高,可达 50%～100%;剖检见小肠最明显的变化是肠绒毛萎缩和急性卡他性肠炎变化;组织学检查,上皮细胞脱落出现在发病的初期,据称于发病后的 2 小时就开始;肠绒毛的长度与肠腺隐窝深度的比率由正常的 7∶1 降到 3～2∶1。

3. 仔猪黄痢 由大肠杆菌所致,常发生于 1 周内的乳猪,发病率和死亡率均高;少有呕吐,排黄色稀便;剖检见急性卡他性肠胃炎变化,其中以十二指肠的病变最为明显,胃内含有多量带酸臭的白色、黄白色甚至混有血液的凝乳块;组织学检查可检出大量大肠杆菌。发病仔猪的病程较短,一般来不及治疗。

4. 仔猪白痢　由大肠杆菌引起,多发于10～30日龄的乳猪,呈地方性流行,无明显的季节性;病猪无呕吐,排出白色糊状稀便,带有腥臭的气味;剖检见小肠呈卡他性炎症变化,肠绒毛有脱落变化,多无萎缩性变化,用革兰氏染色时,常能在肠腺腔或绒毛检出大量大肠杆菌。本病具有较好的治疗效果。

5. 仔猪副伤寒　由沙门氏菌引起,主要发生于断奶后的仔猪,1月龄以内的乳猪很少发病。病猪的体温多升高,呕吐较轻,病初便秘,后期腹泻;剖检见急性病例呈败血症变化;慢性病例有纤维素性坏死性肠炎变化。

四、防治措施

虽然国内外尚无有效的治疗方法,但认真执行以下综合防治措施,会大幅度降低发病率和死亡率,使猪场的经济损失减小到最低限度。

(一)预防

1. 免疫接种

(1)使用疫苗　猪传染性胃肠炎、轮状病毒二联弱毒冻干疫苗,每瓶20头份。用生理盐水稀释至20毫升,妊娠母猪于产前35天和7天,各肌内注射1毫升,免疫期为1年。新生仔猪吃初乳之前,肌内注射1毫升,30分钟后吃母乳,免疫期1年。

(2)疫苗使用方法　猪流行性腹泻、猪传染性胃肠炎和猪轮状病毒三联灭活疫苗的使用方法如下:

①母猪　在后备母猪阶段必须先免疫1次,在初产前1个月左右时再免疫1次。以后每胎免疫1次(即每年2次免疫),免疫时间也是产前1个月,每次4毫升。

②肉猪 由于各猪场的断奶时间不一,可以根据猪场断奶的时间安排,在断奶前免疫1次,断奶后再免疫1次,2次免疫的时间相隔20天。初生仔猪每头0.5毫升。5～25千克仔猪每头1毫升,25千克以上猪每头2毫升。后海穴注射:在尾根与肛门间凹陷中的一个穴位,此处的淋巴分布密集。在母猪后海穴注射后,乳汁内能产生较高的抗体。新生仔猪通过不断地吮吸母乳,母乳中的抗体能很好地中和摄入的病毒,故新生仔猪有较好的被动保护率。

③免疫期 接种本疫苗后10～15天开始产生免疫力,1个月达到高峰,至少可以维持6个月。

2. 加强管理 猪场坚持自繁自养,不从外面购猪。加强冬季的饲养管理;特别要注意提高饲料中能量饲料的供给,加强防寒保暖,提高猪群整体抵抗力;严格管理,制定规章制度。搞好猪舍的清洁卫生和消毒工作,圈舍粪尿及垃圾要天天清除,并坚持每15天用石灰乳消毒圈舍1次,每周用2%～5%来苏儿消毒料槽1次;猪群感染该病后,要及时将病猪隔离治疗,并对猪舍用2%氢氧化钠或5%～10%石灰乳迅速彻底消毒。较好作用的消毒药有氢氧化钠、石灰水、漂白粉、百毒威、二氧化氯、福尔马林和季铵盐类。

3. 加强保温 本病集中在冬、春季发生,因此在冬、春季时提高室温,防止贼风,局部环境加温尤其重要。实践证明,保温对降低仔猪发病率和死亡率很有效。

4. 加强光照、降低猪舍湿度 在猪舍内加强光照,装紫外线灯可以在有效距离内杀灭照到的病毒。保持地面干燥也有一定作用。

5. 人工喂奶 母猪发病后在母猪粪便中和环境中存在病毒,新生仔猪仍在母猪的环境中哺乳,新生仔猪的死亡率会很高,所以要让新生仔猪离开母猪进行人工喂奶。人工乳的配方是:500毫升酸奶＋500 克营养粉＋适量山楂水＋适量微生态制剂。

(二)治　疗

目前尚无有效治疗药物。发现病猪立即停止喂乳。病猪因腹泻而脱水，应备足饮水，必要时可注射葡萄糖生理盐水及 5％碳酸氢钠溶液，防止脱水及酸中毒；也可以通过口服补液，以葡萄糖盐水或葡萄糖甘氨酸溶液(葡萄糖 43.2 克、氯化钠 9.2 克、甘氨酸 6.6 克、柠檬酸 0.52 克、枸橼酸钾 0.13 克、无水磷酸钾 4.35 克，溶于 2 升水中即成)给病猪自由饮用，借以补充电解质，维持体内的酸碱平衡，可酌情使用抗生素，使用微生态制剂也有较好的作用。进行对症治疗并发症或预防继发感染，可投用收敛止泻剂。一般可获得较好效果。

第四节　仔猪博卡病毒病

一、病因及流行病学特点

猪博卡病毒是一种新型的细小病毒，属于细小病毒科细小病毒亚科博卡病毒属。为单股线状无囊膜 DNA 病毒，基因组约5200bp，到目前为止，博卡病毒属包括：人博卡病毒、牛博卡病毒、犬细小病毒、大猩猩博卡病毒和猪博卡病毒。猪是已知猪博卡病毒唯一的易感动物。病猪和带毒猪是其主要传染源，不同年龄、性别的家猪和野猪均可感染。猪感染该病毒后主要症状为腹泻，主要症状与传染性胃肠炎和流行性腹泻极为相似，并集中在产房哺乳仔猪，哺乳仔猪死亡率达 70％以上，抗生素治疗和腹泻性疫苗免疫均不能获得效果。

2009 年瑞典科学家首次发现了第一例猪博卡病毒，此后在韩国和泰国，我国的广东、福建、广西、江西、湖北、河北和山东等省、自治区规模化猪场陆陆续续发生，发病猪以哺乳仔猪为主，多在出生后 2～3 天先呕吐,然后腹泻,水样腹泻、消瘦,病程 1～3 天出现死亡,死亡率 100%;剖检仔猪症状为:胃黏膜出血,肠系膜出血,肠系膜淋巴结肿大出血,肠壁变薄呈透明。母猪和育肥猪无明显症状,也有个别呕吐和腹泻。

二、临床症状及病变

猪博卡病毒可引起猪呼吸道与肠道感染,使之出现支气管炎、肺炎及急性或慢性胃肠炎症状,引发流产、死胎,甚至死亡。哺乳仔猪多在出生 2～3 天后出现剧烈的腹泻,排淡绿色、黄绿色或灰白色水样粪便,皮肤发红发紫,部分仔猪有呕吐症状,病猪迅速脱水消瘦,精神沉郁、被毛粗乱,少食或不食,多数于 5～7 天死亡,10日龄以内的仔猪死亡率高达 50%～80%,随日龄的增加死亡率降低。病死猪消瘦、脱水、胃黏膜充血,有时有出血点,小肠黏膜充血肠壁变薄无弹性,内含水样稀便,肠系膜淋巴结肿胀(见彩页图8)。此外,猪博卡病毒对发生猪圆环病毒病与腹泻性疫病的猪具有促进与加重病情的作用。

三、诊断技术

根据流行病学、临床症状和病理变化可做出初步诊断,确诊需进一步做实验室诊断。

(一)临床诊断

发病猪以哺乳仔猪为主,多在出生后 2～3 天先呕吐,然后腹泻,呈水样、消瘦,病程 1～3 天出现死亡,死亡率 100%;部分皮肤发红发紫,剖检仔猪症状为:胃黏膜出血,肠系膜出血,肠系膜淋巴结肿大出血,肠壁变薄呈透明。母猪和育肥猪无明显症状,也有个别呕吐和腹泻。

(二)实验室诊断

1. 病原鉴定 可采用免疫荧光试验、PCR 诊断试验、分子杂交试验进行病原诊断。

2. 病毒抗原的检查

(1)PPV 荧光抗体直接染色法　在荧光显微镜下观察,若发现接种的细胞片中细胞核不着染,即可确诊。

(2)PPV 酶标抗体直接染色法　在普通生物显微镜下观察染色情况,若未接种 PPV 的正常对照细胞片中细胞核无棕色着染现象,而接种的 PPV 的细胞片中细胞核着染,即可确诊。

(3)PPV 血凝试验　若发现稀释后的样品有凝集红细胞的现象,而正常 PBS 红细胞对照无自凝现象,则可认为样品可疑还需用特异性的 PPV 标准阳性血清做血凝抑制试验,如能抑制样品的血凝现象,即可确诊为 PPV。

3. 血清学检查　血凝和血凝抑制试验(最为常用)。PPV 血清中和试验、酶联免疫吸附试验、免疫荧光试验。

四、防治措施

(一)预　防

猪博卡病毒作为一种新型病毒,许多特性不同于传统的细小病毒科病毒,目前人们对该病毒的研究还只停留在初级阶段。对该病毒的防控不仅仅要控制它的发生,还必须与遗传、营养、环境、气候及饲养管理等相配合,进而控制猪博卡病毒的发生和发展,确保猪场生产安全。

1. 返饲　目前市场上尚无商品化的猪博卡病毒疫苗,规模化猪场及散养户需做好猪伪狂犬病、猪繁殖与呼吸综合征、猪细小病毒病、猪气喘病、猪传染性胸膜肺炎、猪传染性胃肠炎及流行性腹泻等其他疫病的综合防治。因此,需提前对母猪进行返饲以预防该类疫病,该法效果良好,但应尽量提早。

2. 加强饲养管理　精心引种,注意不从疫区引种,坚持自繁自养,最好建立无特定病原体猪群,以免病原体传入和扩散,同时还得实行早期隔离断奶。对发病猪进行隔离治疗,最好淘汰,对病死猪进行科学处理,搞好猪舍卫生,定期消毒。因博卡病毒对碘制剂较为敏感,猪场可使用碘制剂类加强消毒,并在栏舍和潮湿处撒生石灰,进行干燥消毒。同时,还要注意母猪防暑降温、仔猪保温、猪舍通风干燥。

(二)治 疗

对于本病目前没有特效药物进行治疗。猪博卡病毒可导致哺乳仔猪严重腹泻甚至脱水死亡,对于发病猪需进行补液治疗,方法如下:口服法,按饮水加成品的口服补液盐 30 克/千克和适当抗生素(如庆大霉素)灌服(2 次/天);腹腔注射法,根据猪只大小采用 5%糖盐水 200~300 毫升、5%碳酸氢钠注射液 30~50 毫升,腹腔注射(1 次/天),连续注射 2~4 天。相关研究表明,以鸡新城疫Ⅰ系疫苗为干扰源注射,可明显减轻相关病毒性腹泻症状。1 瓶鸡新城疫疫苗(按 500 羽/份计)可注射 15 日龄以内的仔猪 10 头,可注射 15 日龄以上仔猪(10 千克左右)5 头。此外,发病猪场在仔猪出生 1~2 天,分别肌内注射长效头孢噻呋晶体注射液 0.2 毫升/头,肌内注射右旋糖酐铁 1~2 毫升/头,可增强仔猪抵抗力,明显降低猪只死亡率。

第五节　仔猪圆环病毒病

圆环病毒是迄今发现的最小的动物病毒,现已知有两个血清型即 PCV1 型和 PCV2 型,PCV1 型对猪没有致病性,猪圆环病毒病是由 PCV2 型病毒引起的主要对仔猪造成危害,哺乳期仔猪很少发病,主要表现为仔猪断奶 2~3 天或 1 周后开始发病,5~12 周龄的仔猪高发。发病率 4%~25%,死亡率在 25%~40%,PCV2 病毒感染后主要是破坏猪体的免疫系统,造成免疫抑制,易继发或并发其他病毒性或细菌性疾病,使疾病进一步复杂化,给诊治带来了困难。本病在我国大型猪场普遍存在，逐年流行呈现蔓延趋势，造成巨大的经济损失，严重制约着我国养猪业的发展，因此有效防控圆环病毒病应引起业内人士的高度重视。

一、病因及流行病学特点

本病的病原为猪圆环病毒。猪圆环病毒为十二面体并对称，无囊膜，单股环状 DNA 病毒。直径 17 纳米，是目前发现的引起动物疾病最小的病毒。猪圆环病毒抵抗力较强。耐高温，55℃～70℃长时间不被灭活。耐酸性环境。

本病以 5～16 周龄猪易感，6～8 周龄猪最易感。病猪或带毒猪可通过鼻液、粪便排毒，经呼吸道、消化道、伤口等感染健康猪，病猪与健康猪直接接触是该病的主要传播途径，也可经交配、胎盘传播。发病无季节性或无明显季节性，发病率 20%～40%，死亡率 10%～30%。

二、临床症状及病变

(一)临床症状

感染该病的猪精神沉郁、食欲不振、呼吸困难，表现为发育不良，被毛粗乱，呈现渐进性消瘦，皮肤苍白，贫血和黄疸，在病猪的四肢、胸腹部及耳朵等处的皮肤上出现圆形或不规则的紫红色斑点，病变中央呈现黑色，病变部位常融合成大的斑块，多在 3 天内死亡。感染后主要表现为断奶仔猪多系统综合征(PMWS)、新生仔猪先天性震颤。

断奶仔猪多系统综合征主要表现是，猪群发病后，僵猪比例明显增多，其生长不良或停滞，消瘦、拱背，呼吸困难，淋巴结肿大，腹泻，部分猪出现黄疸，但在同一头猪中，不同时间表现出以上的全部症状。亦有部分猪出现咳嗽、肺炎、发热、胃溃疡、中枢神经紊乱及突然死亡等症状，其中有些症状与继发感染有关。

先天性震颤的发病猪不能站立且极为虚弱,震颤由轻到重。出生后第一周,严重的病仔猪因不能吃奶而死亡,耐过 1 周的大部分可存活,但多数在 3 周以后恢复震颤。当患猪卧下或睡觉时震颤消失,外界刺激如突然发出的噪声或寒冷可引发或加重震颤。患猪一般在发病后 1 周内死亡,解剖仅发现脊髓的脊鞘有明显缺乏。有些震颤会维持整个肥育期。

(二)病理变化

全身淋巴结肿大,腹股沟淋巴结、肠系膜淋巴结、颌下淋巴结尤为突出,切面坚实呈均质苍白色;肺部明显肿胀,坚硬似橡皮样,小叶间质增宽,质地坚实,有时候可见间质性肺炎和黏状脓性支气管炎变化,发病严重的肺泡出血;肝脏肿大,充血、坏死,中等程度的黄疸;在心叶和尖叶有暗红色或棕色斑块;肾脏点状出血,苍白,并有苍白色的病灶,被膜易剥离,肾盂周围组织水肿(见彩页图9);胃贲门区域常有大片溃疡;盲肠、结肠黏膜充血和出血。

三、诊断技术

根据流行病学调查、临床症状表现,结合剖检变化,可做出初步判断。但由于猪圆环病毒病经常和其他病毒、细菌混感或继发感染,在临床症状上难以进行确诊,要想准确判断是不是该病,必须结合血清学检查来确诊。

(一)间接免疫荧光法(IIF)

宜检测细胞培养物中的 PCV 用组织病料以盖玻片在 PK-15 细胞培养,丙酮固定,用兔抗 PCV 高免血清与细胞培养物中的 PCV 反应,可对 PCV 进行检测和分型。

(二)ELISA 诊断方法

可用于检测血清中的病毒抗体用细胞培养的病毒(PCV2)作为抗原,用 PCV2 特异性单克隆抗体作为竞争试剂建立竞争 ELISA 方法,竞争 ELISA 方法的检出率为 99.58%,而间接免疫

荧光法的检出率仅为 97.14％。该方法可用于 PCV2 抗体的大规
模监测。

(三)PCR 方法

是一种快速、简便、特异的诊断方法,采用 PCV2 特异的或群
特异的引物从病猪的组织、鼻腔分泌物和粪便进行基因扩增,根据
扩增产物的限制酶切图谱和碱基序列,确认 PCV2 感染。

(四)原位杂交(ISH)

此法可以检查 PCV 核酸,但不能区分 PCV1 和 PCV2,具有
群特异性,可以精确定位 PCV 在组织器官中的部位,可用于检测
临床病料和病理分析。

四、防治措施

加强饲养管理,遵照自繁自养、全出全进的饲养管理方式,建
立严格的卫生消毒制度,坚持疫苗预防和药物保健相结合的保健
措施。

用免疫的方法预防接种来控制是最为有效和最为廉价的方
法,但对于圆环病毒感染来讲,目前还没有非常有效的疫苗,但最
终想要控制这种疾病,必然要走这条路。选择高质量的灭活苗,给
初产和经产母猪免疫,免疫后的母猪直到断奶仍具有高效价的保
护性抗体;对仔猪在 10～15 日龄首免,30～35 日龄加强 1 次免
疫,每头猪肌内注射 1 毫升;后备母猪配种前免疫 2 次,间隔 3 周,
每头每次肌内注射 2 毫升;经产母猪产前 1 个月接种 1 次,跟胎免
疫,每头每次肌内注射 2 毫升;其他成年猪普免,基础免疫为 2 次,
间隔 3 周,以后每半年免疫 1 次,每次每头 2 毫升。免疫保护期 6
个月,不受母源抗体干扰,安全性好。

另外,定期使用药物保健仍是保证猪群健康的有力保障。为
防止猪群感染圆环病毒,继发感染细菌性疾病,常采用一些保健措
施。在每吨饲料中添加:玉屏风散 1 000 克＋支原净 100 克＋土

霉素 300 克(或金霉素、强力霉素);玉屏风散 1 000 克＋泰乐菌素 100 克＋磺胺二甲嘧啶 300 克。妊娠母猪每月添加 1 次,连续使用 7 天;产前 1 周和产后 1 周,对于断奶前后的仔猪,分别在断奶前 1 周或断奶后 2～3 周、转群前后连续添加 1 周。采取如下保健方案,可以大大减少发病概率,黄芪多糖 200 克＋土霉素(强力霉素)150 克＋阿莫西林 300 克。对发病猪早期使用干扰素(免疫球蛋白)＋黄芪多糖注射液,配合维生素 C 肌内注射。为防止细菌感染,可适当使用广谱抗生素如头孢类药物,并在饮水或饲料中添加多维、氨基酸,可取得较好的治疗效果。

第六节 猪　瘟

　　猪瘟俗称"烂肠瘟",是由猪瘟病毒引起的急性、发热性、接触性传染病。常易与多种细菌病毒性疾病,如副伤寒、肺疫、蓝耳病、伪狂犬病等相互继发感染,故临床上表现极其复杂,对养猪生产威胁极大。

一、病因及流行病学特点

　　猪是本病唯一的自然宿主,发病猪和带毒猪是本病的传染源,不同年龄、性别、品种的猪均易感。一年四季均可发生。感染猪在发病前即能通过分泌物和排泄物排毒,并持续整个病程。与感染猪直接接触是本病传播的主要方式,病毒也可通过精液、胚胎、猪肉和泔水等传播,人、其他动物如鼠类和昆虫、器具等均可成为重要传播媒介。感染和带毒母猪在怀孕期可通过胎盘将病毒传播给胎儿,导致新生仔猪发病或产生免疫耐受。

二、临床症状及病变

　　猪感染猪瘟病毒以后,病潜伏期为 3～10 天,隐性感染可长期带毒。根据病情长短，猪瘟可分为最急性、急性、慢性三种。最急性多为初发、散发，突然死亡，难见任何临床和剖检症状。急性是常见的一种，症状是：减食、精神差、喜卧、寒战、体温升高、眼结膜发炎，有脓性眼眵。病初便秘，粪呈球状，表面发黑，后期腹泻，并带有黏液。猪耳后、腹部、腹内侧、前后肢内侧红斑，指压不褪色。公猪包皮积尿，仔猪部分有神经症状。急性病例多在 7 天左右死亡，不死的转为慢性。一般病程超过 1 个月的称为慢性型。由急性转变为慢性，表现为衰弱、消瘦、咳嗽、食欲不振，以腹泻为主，有时便秘；病猪的耳尖、尾根和四肢的皮肤发生坏死甚至干脱。由毒力较弱的猪瘟病毒所引起的，潜伏期较长，症状轻微，体温略升高，皮肤无出血变化，常有肺部感染和神经症状。

三、诊断技术

剖检发现淋巴结肿大，暗紫色周边出血，黏膜及皮下有大小不一的出血点或出血斑，淋巴结水肿、出血，呈现大理石样病变；肾脏呈土黄色，表面散布有大小不一的出血点。胰脏边缘有紫黑色的坏死灶。全身浆膜、黏膜和心脏、膀胱、胆囊、扁桃体均可见出血点和出血斑，病程稍长的病猪，在回盲瓣附近和盲肠、结肠黏膜上可见纽扣状溃疡突出于黏膜表面。

四、防治措施

控制和消灭猪瘟是一项系统工程，必须多方面密切配合，运用有效的科技手段，许多国家为了消灭猪瘟付出了高昂的代价，消耗了大量的人力、物力。欧共体国家按欧盟法规中有关猪瘟条例的规定不能采用疫苗接种，一旦发生猪瘟，立即圈定范围，实施全部扑杀（损失由政府补偿），追踪传染源和可能接触物、限制来往、对受感染的猪场进行消毒。

（一）防治技术

我国长期以来以预防接种猪瘟疫苗作为控制猪瘟的主要手段。近年来探索出的比较符合我国国情、行之有效的猪瘟综合防治技术，基本归纳为如下几个要点：

第一，加强以净化种公、母猪及后备种猪为主的净化措施，及时淘汰带毒种猪，铲除持续感染的根源，建立健康种群，繁育健康后代。

第二，做好免疫，制定科学、合理的免疫程序，以提高群体的免疫力，并做好免疫抗体的跟踪检测。

第三，加强猪场的科学化管理，实行定期消毒。

第四，采用全进全出计划生产，防止交叉感染。

第五，有选择性地使用对免疫有促进作用的药物或添加剂，提高疫苗的免疫效果。

第六，加强对其他疫病的协同防制，如确诊有其他疫病存在，则还需同时采取其他疫病的综合防制措施。

（二）免疫程序

目前国内对猪瘟的免疫程序没有统一的标准，需根据各地区、各猪场的传统和现状制定出科学、合理、行之有效的免疫程序，现推荐以下猪瘟的免疫程序供参考。

1. 种猪的免疫程序

种公猪：春秋两防，即每年两次。

种母猪：春秋两次；或一年 3 次；或每产前 25～30 天一次；或产后 25～30 天一次。

2. 仔猪的免疫程序

20～60 日龄程序：即 20 日龄一免，60 日龄二免；

0～70 日龄程序：即乳前一免，70 日龄二免；

0～35～70 日龄程序：即乳前一免，35 日龄二免，70 日龄三免；

3. 后备种猪

按仔猪程序,至 8 月龄配种前加一次免疫后,按种猪程序进行。

4. 免疫剂量

关于免疫剂量,基本原则是无猪瘟场剂量可小,猪瘟污染场剂量要大;使用脾淋苗的剂量可小,细胞苗的剂量要大。这是因为无猪瘟或猪瘟不明显猪场的猪抗体甚低相对敏感,而猪瘟污染尤其是长期处于持续感染猪场,病毒随处存在、交叉感染,猪体内抗原、抗体均可存在,许多猪为接受免疫已有一定的抗体水平,产生的干扰大,故需要加大剂量。

(三)净化措施

猪瘟的净化是当前养猪所面临的难题,目前的猪瘟多以非典型、慢性、甚至是隐性的形式出现。同一猪场中各类猪群均可遭受感染。控制和根除猪瘟采用全部扑杀的办法显然是不现实的,而种猪,特别是种母猪一旦感染猪瘟后又造成垂直传播和水平传播,是造成一个猪场猪瘟持续感染的总根源,而且要实施全场所有猪群的净化又有一定的难度。猪瘟净化的具体做法是一旦确认猪场存在猪瘟时,立即实施净化,对全场所有种公、母猪逐头活体采扁桃体,进行猪瘟荧光抗体法检查。只要检查出 HCFA 阳性(带毒)猪,一律立即淘汰,结合做好其他综合防制措施以建立新的健康种群,繁育健康后代。一般 3 个月便可初见成效。每 6 个月进行一次。大约经过 4 次净化后,猪瘟便可得到完全控制,效果明显。

总之,猪瘟净化主要以净化种猪群、后备种猪群、清除传染源、降低垂直传播的危险为主,结合制定科学合理的免疫程序,增强群体的免疫力,并对其他疫病积极进行协同防制,同时加强隔离消毒,逐步实现“全进全出”计划,以及改良环境,改善设施等。不管猪瘟污染多么严重,只需花 1.5～2 年时间,猪瘟便可得到净化,并得到有效的控制。

第七节　猪伪狂犬病

伪狂犬病毒属于疱疹病毒科,猪疱疹病毒属;伪狂犬病毒 V 只有一个血清型,但不同毒株在毒力和生物学特征等方面存在差异。伪狂犬病毒是疱疹病毒科中抵抗力较强的一种。在 37℃下的半衰期为 7 小时,8℃可存活 46 天,而在 25℃干草、树枝、食物上可存活 10～30 天,在短期保存病毒时,4℃较 −20℃冷冻保存更好。病毒在 pH4～9 之间保持稳定。5％石炭酸经 2 分钟灭活,但 0.5％石炭酸处理 32 天后仍具有感染性,0.5％～1％氢氧化钠能迅速使其灭活,对乙醚、氯仿等脂溶剂以及福尔马林和紫外线照射敏感。

一、病因及流行病学特点

伪狂犬病发生于猪、牛、绵羊、犬和猫。另外,多种野生动物、肉食动物也易感。猪是伪狂犬病毒的储存宿主,病猪、带毒猪以及带毒犬、鼠类为本病重要传染源。在猪场,伪狂犬病毒主要通过已感染猪排毒而传给健康猪,另外,被伪狂犬病毒污染的工作人员和器具在传播中起着重要的作用。在猪群中,病毒主要通过鼻分泌物传播,另外,乳汁和精液也是可能的传播方式。除猪以外的其他动物感染伪狂犬病毒后,其结果都是死亡。

二、临床症状及病变

新生仔猪感染伪狂犬病毒会引起大量死亡,临床上新生仔猪第一天表现正常,从第二天开始发病,3～5 天内是死亡高峰期,有的整窝死亡。同时,发病仔猪表现出明显的神经症状、昏睡、鸣叫、呕吐、腹泻,一旦发病,1～2 日内死亡。15 日龄以内的仔猪感染本病者,病情极严重的发病死亡率可达 100％。仔猪突然发病,体温上升达 41℃以上，精神极度委顿、发抖、运动不协调、痉挛、呕吐、腹泻、极少康复。断奶仔猪感染伪狂犬病毒，发病率在 20%～40%左右，死亡率在 10%～20%左右，主要表现为神经症状、腹泻、呕吐等。成年猪一般为隐性感染，若有症状也很轻微，易于恢复。主要表现为发热、精神沉郁，有些病猪呕吐、咳嗽，一般于 4～8 天内完全恢复，病猪横卧于地，做"划船"动作，怀孕母猪可发生流产、产木乃伊或死胎，其中以死胎为主，无论是头胎母猪还是经产母猪都发病，而且没有严格的季节性，但以寒冷季节即冬末春初多发。

三、诊断技术

伪狂犬病毒感染一般无特征性病变。剖检可见肾脏有针尖状出血点，其他肉眼病变不明显，部分可见不同程度的卡他性胃炎和肠炎，中枢神经系统症状明显时，脑膜明显充血，脑脊髓液量过多，肝、脾等实质脏器常可见灰白色坏死病灶，肺充血、水肿或坏死点。子宫内感染后可发展为溶解坏死性胎盘炎。组织学病变主要是中枢神经系统的弥散性非化脓性脑膜脑炎及神经节炎，有明显的血管套及弥散性局部胶质细胞坏死。

四、防治措施

(一)免疫接种

1. 后备猪接种　后备猪应在配种前实施至少 2 次伪狂犬疫苗的免疫接种，2 次均可使用基因缺失弱毒苗。

2. 经产母猪接种　经产母猪应根据本场感染程度在妊娠后期(产前 20～40 天或配种后 75～95 天)实行 1～2 次免疫。母猪免疫使用灭活苗或基因缺失弱毒苗均可，2 次免疫中至少有 1 次使用基因缺失弱毒苗，产前 20～40 天实行 2 次免疫的妊娠母猪，第一次使用基因缺失弱毒苗，第二次使用蜂胶灭活苗较为稳妥。

3. 哺乳仔猪接种 哺乳仔猪免疫根据本场猪群感染情况而定。本场未发生过或周围也未发生过伪狂犬疫情的猪群,可在 30 天以后免疫 1 头份灭活苗;若本场或周围发生过疫情的猪群应在 19 日龄或 23～25 日龄接种基因缺失弱毒苗 1 头份;频繁发生的猪群应在仔猪 3 日龄前用基因缺失弱毒苗滴鼻。

4. 疫区处理 疫区或疫情严重的猪场,保育和育肥猪群应在首免 3 周后加强免疫 1 次。

消灭猪场中的鼠类,对预防本病有重要意义。同时,还要严格控制犬、猫、鸟类和其他禽类进入猪场,严格控制人员来往,并做好消毒工作,这样对本病的防制也可起到积极的推动作用。

(二)监 测

对猪场定期进行监测。监测方法采用鉴别 ELISA 诊断技术,种猪场每年监测 2 次,监测时种公猪(含后备种公猪)应 100％、种母猪(含后备种母猪)按 20％的比例抽检;商品猪不定期进行抽检;对有流产、产死胎、产木乃伊胎等症状的种母猪 100％进行检测。

对出场种猪由当地动物防疫监督机构进行检疫,伪狂犬病病毒感染抗体监测为阴性的猪,方可出具检疫合格证明,准予出场。

种猪进场后,须隔离饲养 30 天后,经实验室检查确认为猪伪狂犬病病毒感染阴性的,方可混群。

第五章　仔猪细菌性腹泻

第一节　仔猪黄白痢

　　仔猪黄白痢又称新生猪腹泻,是仔猪黄痢和仔猪白痢的合称,都是由大肠埃希氏菌在肠道内产生毒素所引起的急性肠道传染病。目前,已分离的仔猪黄痢、白痢的血清型众多,各血清型疫苗之间有效的交叉保护性差,这给本病防治造成一定难度。加之仔猪黄白痢发病率高,死亡率也较高,是严重危害仔猪生产的一大疾病。因此,仔猪黄白痢的综合防治是直接影响仔猪生产效益的重要因素。

　　仔猪黄白痢是由致病性大肠杆菌引起的仔猪常见和多发的传染病,特别是仔猪黄痢发病率高,死亡率高。而仔猪白痢虽发病率高,死亡率低,但常引起病猪脱水消瘦,如不及时治疗,多数死亡或转为慢性,即使康复也成为僵猪。因此,仔猪黄白痢不仅直接造成养猪场重大的经济损失,还影响了仔猪的生长发育,导致大量的饲料浪费,大大降低了整个养猪场的经济效益。

一、病因及流行病学特点

(一)发病原因

　　仔猪黄白痢是致病性大肠埃希氏菌引起的,发生于仔猪哺乳期不同日龄的一种传染病。大肠埃希氏菌(E.coli)通常称为大肠杆菌,是 Escherich 在 1885 年发现的,在相当长的一段时间内,一直被当作正常肠道菌群的组成部分,认为是非致病菌。直到 20 世纪中叶,才认识到一些特殊血清型的大肠杆菌对人和动物有病原性,尤其对婴儿和幼畜(禽),常引起严重腹泻和败血症,它是一种普通的原核生物,根据不同的生物学特性将致病性大肠杆菌分为5类:致病性大肠杆菌(EPEC)、肠产毒性大肠杆菌(ETEC)、肠侵袭性大肠杆菌(EIEC)、肠出血性大肠杆菌(EHEC)、肠黏附性大肠杆菌(EAEC)。仔猪出生后大肠杆菌即随哺乳进入肠道,其代谢活动能抑制肠道内分解蛋白质的微生物生长,减少蛋白质分解产物对人体的危害,还能合成 B 族维生素和维生素 K,以及有杀菌作用的大肠杆菌素。正常栖居条件下不致病。但若进入胆囊、膀胱等处可引起炎症。在肠道中大量繁殖,几乎占粪便干重的1/3。

在环境卫生不良的情况下,常随粪便散布在周围环境中。若在水和食品中检出此菌,可认为是被粪便污染的指标,从而可能有肠道病原菌的存在。

其发病原因是因为仔猪自身抵抗力差或与外界致病因子相互作用,主要有以下几个方面。

1. 母猪带菌 大肠埃希氏菌为猪肠道的正常菌群,且多数为益生菌,同时也存在一定比例的致病菌。这些致病菌随同粪便一起被排出体外,污染母猪的乳头和体表、圈舍、饲料等,仔猪通过吮吸母猪乳头、舔啃圈舍、饲料、母猪皮肤等食入病原菌,引起感染。这是引发仔猪黄白痢的主要原因。

2. 仔猪本身的生理特点 初生仔猪的胃腺发育不完善,分泌胃酸的能力差,对细菌的抑制和杀灭能力弱,致使食入的致病菌在胃肠道大量繁殖,造成消化道功能紊乱,从而引发黄白痢等腹泻性疾病。

3. 环境因素 仔猪的机体调节功能不完善,易受外界环境因素影响,如气候突变、阴雨潮湿、母乳质量差、补饲饲料突变、饮水卫生差及转群等应激因素,均可诱发或加重本病。

4. 营养缺乏 母乳质量差、供给不足或补饲较晚等,致使机体蛋白质合成不足,导致仔猪抵抗力低下。另外,仔猪的缺铁性贫血、仔猪低糖血症、硒和维生素 E 缺乏等营养代谢性疾病也可导致机体抵抗力下降而继发本病。

5. 母猪胎次　仔猪黄白痢的发生也与母猪胎次有关。母猪胎次越少,其发病率和死亡率越高,反之越低,其原因与母猪胎次增加、自然感染形成免疫应答有关,仔猪通过吮吸母乳获得母源抗体,因而具有一定的抵抗力。另外,母猪胎次过高,其所生仔猪也易发生仔猪黄白痢。

(二)流行病学

1. 仔猪黄痢　又称早发性大肠杆菌病,主要发生于出生后数小时至 7 日龄仔猪,以 1～3 日龄最常见,1 周龄以上很少发病。本病尤以头胎青年母猪所产仔猪的发病率为最高,发病急,死亡率也高。据调查,发病率高达 50％以上,死亡率高达 30％。

2. 仔猪白痢　又称迟发性大肠杆菌病,一般发生于 10～30 日龄的仔猪,尤以 10～20 日龄的仔猪发病最多,也最为严重,1 月龄以上则很少发生。本病发病率较高,而死亡率相对较低,但会影响仔猪的生长发育。发病率为 30％以上,死亡率一般在 5％以上。

二、临床症状及病变

(一)仔猪黄痢

临床特征为排腥臭黄色浆状稀便,内含凝乳小片,肛门松弛,捕捉时肛门冒出稀便,发病仔猪精神沉郁,食欲不振,迅速脱水、消瘦、衰竭而死(见彩页图 10)。剖检常见颈、腹部皮下水肿,肠道膨胀,含有多量黄色浆状内容物以及气体,肠黏膜呈卡他性炎症变化,以十二指肠最为严重,空肠、回肠次之,肠系膜淋巴结有弥漫性小出血点。

(二)仔猪白痢

临床特征为仔猪突然发生腹泻,粪便呈乳白色、灰白色、淡黄色或黄绿色,糊糊样,有特殊腥臭味,有时粪便较稀,带有气泡;有时混有血丝(见彩页图 11);排便次数增多,每天可达数次,严重时排便失禁或脱肛;有时呕吐。发病仔猪日渐消瘦,精神沉郁,食欲不振,被毛粗乱无光泽,怕冷,呼吸加快,离群独处,或单个伏卧于垫草中。最终因极度衰弱而死。解剖时可见外表苍白消瘦,脱水严重,肠壁菲薄失去弹性,肠黏膜充血,轻度出血,肠内容物增多,呈水样或泡沫样。

三、诊断技术

仔猪黄痢发生于 1 周龄以内仔猪,排黄色粥样稀便。仔猪白痢主要发生于 10～30 日龄仔猪,排白色粥样稀便。肠道病变局限于小肠,发病率和病死率都很高。

实验室诊断可采取新鲜尸体的小肠前段内容物,接种于伊红美蓝琼脂培养基上,挑选有金属光泽、紫色带黑心菌落进行生化反应鉴定。血清学诊断有平板凝集试验和试管凝集试验,鉴定分离菌的血清型。用 DNA 探针技术和 PCR 技术鉴定大肠杆菌,是目前最特异、敏感和快速的检测方法。

四、防治措施

仔猪黄白痢一直是困扰养猪业健康发展的顽疾之一,对于该病的防治各地做了大量工作。

(一)预 防

1. 加强饲养管理 搞好环境卫生,猪舍饲养密度不宜过高,注意保暖通风。采用"自繁自养"、"全进全出"的管理模式,完善种猪引进检疫隔离制度。

(1)加强母猪饲养管理 中兽医理论为"乳下婴儿有疾,必调治其母,母病子病,母安子安",说明幼畜发病与其母体有很大的关系。因而供给妊娠母猪和哺乳母猪全价饲料,可使胎儿发育健全,促使母猪分泌更多更好的乳汁,保证仔猪的营养需要。

(2)加强仔猪饲养管理 对于初生仔猪,应尽快吃上和吃足初乳,提高机体的被动免疫力。仔猪生长发育快,在出生后 24 小时内肌内注射或内服铁剂,可预防仔猪缺铁性贫血,从而防止继发感染。另外,应在 2 周龄左右合理补饲全价仔猪日粮,以满足仔猪机体快速发育对糖、蛋白质、矿物质等营养的需要。

(3)搞好环境卫生 夏季加强通风降温等防暑工作,减少热应激;冬季应加强圈舍保暖,勤换垫草,防止贼风侵袭等应激因素造成仔猪感冒而继发仔猪黄白痢。制定严格科学的消毒和卫生制度,保持圈舍清洁卫生。产前对圈舍的地面、墙壁、屋顶、柱栏等进行彻底消毒;临产时用 0.1% 温热高锰酸钾溶液擦洗母猪外阴和腹下的乳房区,防止病从口入。

2. 药物预防 出生后 12 小时内口服敏感抗生素。

(1)增效磺胺甲氧嗪注射液 5×10 毫升。仔猪生后在第一次吃初乳前口腔滴服 0.5 毫升,以后每天 2 次,连续 3 天。如有发病猪继续投药,药量加倍。

(2)硫酸庆大霉素注射液 每支 10×2 毫升,8 万单位。仔猪生后第一次吃初乳前口服 1 万单位,以后每天 2 次,连服 3 天,如有猪发病继续投药。

3. 微生物制剂预防 如促菌生、调菌生、乳康生、康大宝等通过调节仔猪肠道微生物区系的平衡,从而抑制大肠杆菌。

4. 利用疫苗进行免疫接种 免疫接种可明显降低仔猪黄白痢的发病和死亡率。方法是对妊娠母猪在产前 30 天和 15 天接种,疫苗选择大肠杆菌基因工程苗。大肠杆菌 K_{88}、K_{99} 和 $987PF_{41}$ 三价灭活菌苗或大肠杆菌 K_{88}、K_{99} 双价基因工程灭活苗,以通过母乳使仔猪获得保护。

(二)治　疗

应采取抗菌、止泻、助消化和补液等综合措施。

1. 抗菌　安普霉素、硫酸链霉素(每千克体重 10 毫克,每天 2 次)、环丙沙星、恩诺沙星、氟甲砜霉素、阿莫西林、泻痢停、克痢王等都可应用。

(1)硫酸庆大霉素　每次 5～10 毫克/千克体重口服,每日 2 次,连用 2～3 天。

(2)庆大霉素　每次 4～8 毫克/千克体重口服,每日 1 次,连用 2～3 天。

2. 止泻　鞣酸蛋白,内服,每次 2～5 克。或药用炭,内服,每次 10～25 克。

助消化吸收:干酵母、碳酸氢钠、胃蛋白酶等。

3. 补液　口服葡萄糖盐水及多种维生素。

五、一例哺乳仔猪黄白痢的治疗方案

(一)发病情况

某猪场母猪相继产仔 20 窝,共有仔猪 244 头,另有 15 头母猪待产,20 窝仔猪相继在产后 3～7 日腹泻,经兽医治疗无效,死亡 97 头,发病 100%,死亡 39.8%。后来 15 头母猪也相继产仔 176 头并发病。

(二)临床症状

仔猪产后 3～7 日相继发病,排黄色或黄白色水样稀便,内含凝乳块,迅速死亡,病程稍长,病猪精神沉郁,迅速消瘦,严重脱水,死亡,肛门呈红色,体温无变化。

(三)病理变化

解剖可见尸体严重脱水,皮下水肿,胃内充满母乳,肠道膨胀,内有黄色液态内容物和气体,肠黏膜呈急性卡他性肠炎,肠系膜淋巴结有弥漫性出血点,肝、肾有坏死灶。

(四)实验室检查

光镜下可见胃黏膜上皮脱落,固有膜水肿,胃腺上皮细胞坏死脱落;肠黏膜上皮脱落,绒毛袒露,固有膜水肿。

(五)诊　断

根据流行病学、临床症状、病理解剖及实验室诊断,可确诊为大肠杆菌引起。

(六)治　疗

①仔猪用齐全一支灵灌服,每窝 1 支,对脱水的仔猪用 5％阿托品 1 毫升加 5％葡萄糖氯化钠 10 毫升灌服,每日 2 次。

②每头母猪用 4％诺氟沙星 25 克拌入饲料中喂服,每日 2 次。

③保持猪舍清洁,每天消毒 1 次。通过上述处理,2 天后病情稳定,停止死亡,4 天痊愈,此次治疗过程中死亡仔猪 5 头,直至 30 日龄未出现反复。

第二节　仔猪梭菌性肠炎

仔猪梭菌性肠炎又称仔猪红痢或仔猪传染性坏死性肠炎,是 C 型和/或 A 型产气荚膜梭菌引起的 1 周龄以内初生仔猪高度致死性的肠毒血症,其特征为病程短、病死率高、出血性下痢、小肠后段的弥漫性出血或坏死性肠炎。

一、病因及流行病学特点

(一)病　原

病原为产气荚膜梭菌。

1. 形态特征　有荚膜不运动的厌氧大杆菌,芽孢卵圆形,位于菌体中央或近端,但在人工培养基上不容易形成。

2. 血清型　根据产生毒素分为 A、B、C、D、E 5 个血清型,C

型菌株主要是α毒素(卵磷脂酶:能分解细胞膜的磷脂,破坏细胞膜,引起溶血,组织坏死与血管内皮的损伤,使血管通透性增加,导致组织水肿)和β毒素,特别是β毒素,它可引起仔猪肠毒血症、坏死性肠炎。

3. 抵抗力 菌体抵抗力不强。形成芽孢后,对外界抵抗力强,80℃15～30分钟,100℃则几分钟就可杀死。本菌在自然界中分布很广,存在于人和动物的肠道、土壤、下水道和尘埃中,不易消除,猪场一旦发生本病,则顽固存在而难根除。

(二)流行病学

1. 易感动物 主要侵害1～3日龄仔猪,1周龄以上仔猪很少发病。绵羊、马、牛、鸡、兔等也可感染发病。

2. 传染源 带菌的母猪。本菌常存在于母猪肠道中,随粪便排出,污染母猪的奶头及垫料,造成仔猪感染。

3. 传播途径 消化道感染。

二、临床症状及病变

(一)临床症状

1. 最急性型 仔猪未表现明显症状突然死亡,濒死前或死后臌气。

2. 急性型 病仔猪体温一般不升高,排出带有多量泡沫、夹有少量灰色坏死组织碎片的红褐色稀便,有特殊腥臭味;有的病仔猪呕吐,或发出尖叫声。发病后3～5天死亡。

3. 亚急性型 呈持续性腹泻,病初排出黄色软便,以后变成液状,内含坏死组织碎片;病猪食欲不振、极度消瘦和脱水,一般在出生后5～7天死亡。

4. 慢性型 呈间歇性或持续性腹泻。粪便呈灰黄色,黏液状;粪污肛门及尾部。病程2周至数周,最后死亡或因发育受阻而无饲养价值。

（二）病理变化

以空肠病变最具特征，有时可波及回肠，十二指肠一般不受损害。

空肠常可见到长短不一的出血性坏死灶，外观肠壁呈深红色，肠管内充满含血内容物；病程稍长的以坏死性炎症变化为主，表现肠壁变厚，黏膜附有黄色或灰色坏死性假膜、易剥离，肠内可见坏死组织碎片（见彩页图12）；肠系膜可见多量气泡，淋巴结周边出血，肾脏表面有多量针尖大小的出血点。

三、诊断技术

（一）现场诊断

根据流行特点（1～3日龄仔猪发病，1周龄以上仔猪很少发病）、症状特征（排特殊腥臭、有多量泡沫、夹有少量灰色坏死组织碎片的红褐色稀便）和病变特征（空肠出血性坏死）进行诊断。

（二）实验室诊断

病原检查：肠内容物触片镜检、细菌分离鉴定、毒素检查。

四、防治措施

（一）加强饲养管理，搞好卫生消毒

特别对产床和母猪乳头的消毒，可减少本病的发生和传播。

（二）免疫预防

母猪在产前1个月肌内注射5毫升仔猪红痢氢氧化铝菌苗，2周后再重复1次8毫升，通过母源抗体保护仔猪。仔猪在出生后立即肌内注射抗猪红痢血清3毫升/千克体重。

（三）药物保健

母猪在产前3天、产后4天喂土霉素3克、酵母片20片、钙片10片。

（四）发病猪处理

由于患病仔猪日龄太小、病程短,一般化学药物和抗生素类药难以收到治疗效果。可使用黏杆菌素、恩诺沙星、林可霉素、磺胺嘧啶肌内注射;并注意带猪消毒,做好防寒保温工作。

第三节　仔猪痢疾

猪痢疾又称血痢、黑痢、黏液出血性下痢等,是由密螺旋体引起的以消瘦、腹泻、黏液性或黏液出血性下痢为特征的一种肠道传染病。

一、病因及流行病学特点

(一)病　因

本病的病原体为猪痢疾密螺旋体,密螺旋体属成员,革兰氏染色呈阴性。该菌为厌氧菌,培养时比一般细菌的要求严格。常用胰酶消化酪蛋白豆胨血液琼脂(TSA)培养基。

该菌对一般的消毒药敏感,如克辽林、来苏儿、1%氢氧化钠溶液在20~30分钟均死亡。对热、氧、干燥也敏感。在密闭猪舍粪尿沟中可存活30日,在粪中5℃时存活61日,25℃时可存活7日,37℃时很快死亡。在土壤中4℃时存活18日,粪堆中可存活3日,在池中可以生长繁殖而长期存在。

(二)流行病学

1. 易感性　不同年龄、品种的猪均有易感性,以1.5~4月龄最为常见,哺乳仔猪发病较少。仅猪感染,其他动物未见发生。

2. 传染源　主要是病猪和带菌猪。康复猪的带菌率很高,带菌时间可达数月。病猪和康复猪经常随粪便排出大量病菌,污染饲料、饮水、猪圈、料槽、用具、周围环境及母猪躯体。

3. 传播途径　主要为消化道,其他传染途径尚未证实。

4. 流行特点　发病季节不明显,一年四季均可发生,但4~5

月份和9～10月份发病较多。流行缓慢,持续期长,最初在一部分猪中发病,继而同群猪陆续发病。断奶后仔猪的发病率常为90%,死亡率在50%左右。

二、临床症状及病变

急性病猪以血性下痢为主要症状,粪便中含血液和血凝块、咖啡色或黑红色的脱落黏膜组织碎片,迅速消瘦,有的转为亚急性和慢性型。病变主要是大肠的卡他性或出血性肠炎,结肠及盲肠黏膜肿胀,皱褶明显,上附黏液,黏膜有出血,混有黏液及血液而呈酱色或巧克力色(见彩页图13)。组织学变化结肠为出血性坏死性炎症,用直肠黏膜涂片瑞氏染色可检出猪痢疾密螺旋体。

三、诊断技术

本病发病无季节性,流行比较缓慢,初以急性病例为主,3周后以慢性为主;各种年龄的猪都可发病,但以2～3月龄仔猪发病多,死亡率高。临床上体温基本正常,以血性下痢为主要症状;剖检时,急性病例为大肠黏膜性和出血性炎症,慢性病例为坏死性大肠炎。其他脏器常无明显变化,据上可做出初步诊断,确诊尚需进行细菌学检查。

鉴别诊断:应与仔猪副伤寒、仔猪白痢、仔猪黄痢、仔猪红痢及猪传染性胃肠炎等进行鉴别,还应注意与肠炭疽、鞭虫病、沙门氏菌病、猪肠腺瘤、肠道溃疡、霉菌性肠肿大等疾病相区别。

四、防治措施

(一)预　防

禁止从疫区引进种猪,外地引进的带菌猪必须隔离观察1个月以上。在无本病的地区或猪场,一旦发现本病,最好全群淘汰,对猪场彻底清扫和消毒,并空圈2～3个月,粪便用1%氢氧化钠消毒、堆积处理，猪舍用1%来苏儿消毒。1：800克辽林溶液可有效地消除环境中的病原。

（二）治　疗

1. 预防投药　应用0.5%痢菌净肌内注射，每千克体重2～5毫克。一般仔猪注射5毫升，育成猪注射10毫升，肥育猪注射20毫升，每日注射2次，连注2～3日。许力干等（2003）报道，应用痢菌净粉每千克干饲料内添加150毫克，每日1次，连服20日；此外，乳猪灌服0.5%痢菌净溶液，每千克体重0.25毫升，每日1次，可有效消除猪体内的密螺旋体。

2. 发病猪群治疗　可用庆大霉素按2 000单位/千克体重·日，肌内注射，每日2次；连用5日后应用预防药物。对发病群同栏无症状可疑病猪可用预防药物：①硫酸新霉素按0.1克/千克体重·日口服，②三甲氧苄氨嘧啶（TMP）按0.02克/千克体重·日口服。将上述两种药物压碎混于饲料内喂给，5日为1疗程，共用2个疗程。对假定健康猪群可用菌痢净按5毫克/千克·日混于饲料内喂服。其疗程为5日，用2个疗程，可交替使用。

第四节　猪副伤寒

猪副伤寒即猪沙门氏菌病，是由沙门氏菌属细菌引起仔猪的一种传染病。急性型表现为败血症，亚急性和慢性型以顽固性腹泻和回肠及大肠发生固膜性肠炎为特征。

一、病因及流行病学特点

（一）病　因

猪副伤寒由沙门氏菌引起，本病菌为且短杆菌，长1～3微米，宽0.5～0.6微米，两端钝圆，不形成荚膜和芽孢，具有鞭毛，有运动性，为革兰阴性菌。

　　本菌在变通培养基中能生长,为需氧兼厌氧性菌。在肉汤培养基中变浑浊,而后沉淀,在琼脂培养基上 24 小时后生成光滑、微隆起、圆形、半透明的灰白色小菌落。

　　沙门氏菌能发酵葡萄糖、单奶糖、甘露醇、山梨醇、麦芽糖,产酸产气。不能发酵乳糖和蔗糖,从而可与其他肠道菌相区别。

　　本菌抵抗力较强,60℃经 1 小时,70℃经 20 分钟,75℃经 5 分钟死亡。

　　对低温有较强的抵抗力,在琼脂培养基上于－10℃,经 115 天尚能存活。在干燥的沙土中可生存 2～3 个月,在干燥的排泄物中可生存 4 年之久,在 0.1％升汞溶液、0.2％甲醛溶液、3％苯酚溶液中 15～20 分钟可被杀死。在含 29％食盐的腌肉中及 6℃～12℃条件下,可存活 4～8 个月。

(二)流行病学

　　1. 易感性　人、各种畜禽及其他动物对沙门氏菌属中的许多血清型都有易感性,猪多发生于断奶后 1～4 月龄的仔猪。

　　2. 传染源　主要是病畜和带菌者,健康畜禽的带菌现象非常普遍,病菌可潜藏于消化道、淋巴组织和胆囊内。

　　3. 传播途径　病菌污染饲料和饮水,经消化道感染健畜。

　　4 流行特点　一年四季均可发生。猪在多雨潮湿季节发病较多。一般呈散发性或地方性流行。

　　5. 应激因素　当外界不良因素使动物抵抗力降低时,病菌可变为活动化而发生内源感染,如环境污染、潮湿、猪舍拥挤、饲料和饮水供应不良、长途运输中气候恶劣、疲劳和饥饿、断奶过早等,均可促进本病的发生。

二、临床症状及病变

　　潜伏期由 2 天至数周不等。临床上较多见体温升高(40.5℃～41.5℃),精神不振,食欲减退,寒战,常堆叠一起,病初便秘后下痢,粪便淡黄色或灰绿色,恶臭。混有血液、坏死组织或纤维絮片,有时排几天干粪后又下痢,可以反复多次。由于下痢、失水,很快消瘦,最后衰竭死亡,病死率 20%～50%。

(一)急性型(败血型)

多见于断奶前后的仔猪,临床表现为体温升高(41℃～42℃),精神不振,食欲废绝。后期间有下痢,呼吸困难,耳根、后躯及腹下部皮肤有紫红色斑点,有时出现症状后 24 小时内死亡,但多数病程 2～4 日,病死率很高。

病死猪的头部、耳朵和腹部等处皮肤出现大面积蓝紫斑,各内脏器官具有一般败血症的共同变化,主要变化在消化道,胃黏膜严重淤血和梗死而呈黑红色和浅表性糜烂。肠道通常有卡他性出血性纤维素性肠炎。

(二)慢性型(结肠炎型)

较多见,在后段回肠和各段大肠发生固膜性炎症,病变是坏死肠黏膜凝结为糠麸样的假膜。肠系膜淋巴结明显增大,有时增大几倍;切面呈灰白色脑髓样。扁桃体隐窝内充满黄灰色坏死物。胆囊肿大壁增厚,其黏膜溃疡与坏死。肝肿大,有结节性坏死灶(见彩页图 14)。

三、诊断技术

依据流行病学、临床症状、病理变化,可做出初步诊断。1～4月龄的仔猪多发,病猪表现慢性腹泻,生长发育不良;剖检可见大肠发生弥漫性纤维素性坏死性肠炎变化,肝、脾及淋巴结有小坏死灶或灰白色结节。

四、防治措施

(一)预 防

加强饲养管理,消除发病诱因。常发生本病的猪群可考虑注射猪副伤寒菌苗,断奶前 15 日进行免疫。采用添加抗生素饲料的方法,如土霉素添加剂,有防病和促进仔猪生长发育作用。但要注意抗药菌株的出现。当发现本病时,立即进行隔离、消毒;病死猪应严格执行无害化处理,以防止病菌散播和人的食物中毒。

(二)治　疗

治疗应与改善饲养管理同时进行,用药时剂量要足,维持时间宜长。常用抗生素药物有土霉素、诺氟沙星、卡那霉素、新霉素等。剂量为土霉素每日 50～100 毫克/千克体重,新霉素每日 5～15 毫克/千克体重,分 2～3 次口服,连用 3～5 日后,剂量减半,继续用药 4～7 日。

磺胺类疗法:磺胺甲基噁唑(SMZ)或磺胺嘧啶(SD)20～40 毫克/千克体重,加三甲氧苄氨嘧啶(TMP)2～4 毫克/千克体重,混合后分 2 次口服,连用 1 周。或用复方新诺明(SMZ＋TMP)70 毫克/千克体重,首次加倍,连用 3～7 日。

第六章　仔猪寄生虫性腹泻

第一节　仔猪球虫病

一、病因及流行病学特点

仔猪球虫病是由猪等孢球虫和某些艾美耳属球虫寄生于哺乳期及断奶仔猪小肠上皮细胞引起的、以腹泻为主要临床症状的原虫病。其主要病原是猪等孢球虫,表现为出生后第二周(有时候是第三周)发生非出血性的黄色至白色腹泻。临床症状并无特别之处,受害仔猪并不中止吮乳,死亡率很低。然而仔猪球虫病常常会伴发一些继发性疾病(如由细菌引起的疾病),造成仔猪死亡率升高。新生仔猪的球虫病呈世界性分布,在任何养猪场中均可能发生,使受害仔猪的生长速度远远落后于健康仔猪。目前,在治疗药物不多的情况下,仔猪球虫病的控制和预防必须依靠采取综合卫生措施和治疗措施。

本病只发生于仔猪,成年猪多为隐性感染;病猪和带虫猪是本病最主要的传染来源;消化道是本病的主要传播途径。当虫卵随病猪的粪便排出体外,污染了饲料、饮水、土壤或用具等时,虫卵在适宜的温度和湿度下发育成有感染性的虫卵,仔猪误食后就可发生感染。

球虫感染决定于猪体的抵抗力及外界条件。当猪感染球虫后,机体可产生免疫力,但不同种属球虫间无交叉免疫。由于这种免疫力的作用,经地方流行性感染过的猪群中,在感染时则仅带有少量球虫,而不显临床症状。但当受某种不利因素影响时,如严寒气候、饲料突然变换或并发其他感染等,机体的免疫力和稳定性就可能被破坏而导致疾病暴发。

此外,本病的发生还与仔猪的年龄、病原的数量等有关。仔猪机体的内因不仅影响本身的感染与发病,而且对于球虫在体内进行有性和无性繁殖的持续发展所造成的内源性侵袭也具有一定影响。

本病的发生常与气温和雨量的关系密切,通常多在温暖的月份发生,而寒冷的季节少见。在我国北方 4～9 月份为流行季节,其中以 7～8 月份最为严重;而在南方一年四季均可发生。

二、临床症状及病变

只见于仔猪,常发生于 7～21 日龄的仔猪,发病率可达50%～75%,一般情况下死亡率不高,但有时可达 75%,尤其在温暖潮湿季节严重。成年猪为带虫者,是传播本病的源泉,多呈良性经过。

临床症状常见食欲不振、腹泻、消瘦,一般持续 4～6 天,粪便呈液状或糊状,呈黄白色,偶尔可见便血(见彩页图 15)。重病的可因脱水而死亡。

剖检病变主要是空肠和回肠的急性炎症。剖检时,肠黏膜面上被覆大量黏液,黏膜水肿、充血和白细胞浸润,结果使肠黏膜显著增厚。黏膜常发生点状出血,尤其是空肠后部及回肠黏膜的皱褶部。肠内含有混杂黏液和少量含血的稀粥样物。但在临床上有些病猪的粪便变化不明显,可能是由于球虫在肠黏膜上皮细胞内发育,常引起受侵袭的细胞死亡后,肠腺和表面的上皮细胞脱落,绒毛上皮则可发生代偿性增生之故。此外,肠黏膜上常覆有厚层假膜。此时,粪便内常常混有纤维素碎片。

肠道的组织学变化特点是肠黏膜上皮细胞坏死脱落,其程度因球虫的数量、繁殖速度而不同。肠腔上皮细胞多含有不同发育期的球虫,含有球虫的坏死上皮细胞脱落入肠腺腔内,形成很多细胞碎屑。当上皮脱落后,于固有层及肠腺腔内即有白细胞浸润,其中含有多量嗜酸性粒细胞,可直接刮取空肠和回肠的黏膜,制成抹片染色;也可用饱和盐水漂浮法检查粪便中的球虫卵囊,在显微镜下,前者还能找到大量发育阶段的虫体(裂殖子、裂殖体和配子体)即可确诊。

三、诊断技术

在发病的初期进行抗生素用药,起不到实质性作用。诊断7~14日龄仔猪的腹泻,抗生素治疗无效,这是新生仔猪球虫病的特征。猪球虫病发生于哺乳期和断奶前后,正是仔猪腹泻病的多发年龄,猪球虫病的诊断最好通过查找有临床症状的仔猪粪便中的卵囊来进行,这是一种最为快速的诊断方法。

(一)粪便卵囊检查时间

在国内外有过报道,仔猪吞食球虫卵囊3天后开始出现腹泻,腹泻开始于卵囊排出的前1天,而卵囊产出的高峰出现在临床症状出现后的2~3天,所以对产房的多窝仔猪进行粪便涂片或粪便漂浮检查时应在临床症状出现后的2~3天时进行。

(二)猪球虫卵囊的粪便检查方法

1. 饱和盐水漂浮法 猪球虫卵囊的粪便检查方法很多,以饱和盐水(d=1.20克/毫升)漂浮法较多用。但是由于饱和硫酸锌(d=1.29克/毫升)、饱和蔗糖(d=1.29克/毫升)、饱和氯化锌+蔗糖(d=1.30克/毫升)比重较大,对球虫卵囊的检出率反而有明显影响,盐-糖溶液漂浮法(100毫升饱和盐溶液+50克糖,d=1.226克/毫升)有较大的检出率。然而,由于存在脂肪颗粒,所以并不总是很容易发现卵囊。

2. 离心法 将1克粪便置于5毫升5‰醋酸溶液中,摇动制成悬液。让悬液沉淀1分钟,用网筛过滤于一离心管中,加入等量的乙醚。将混合液强烈摇动后,以1 500转/分钟离心1分钟。将管中由污物形成的环分隔开的上清液(由乙醚和一层酸形成)抛弃,沉淀物中即含卵囊。将沉淀物用少量水稀释并混合均匀,取数滴如此形成的悬液置于载玻片上,然后对其进行镜检(100×或400×)。

四、防治措施

(一)建立完善的饲养管理制度

认真执行仔猪的饲养管理制度,可以防止未感染仔猪的感染;也可以使感染仔猪得到好的哺育,加快病的痊愈。特别要对外来仔猪进行隔离饲养1个月,并进行检疫。

(二)建立驱虫防疫制度

定期进行驱虫预防,是预防中的一个重要环节。这需要大力进行宣传、科技服务,使养殖户建立起科学的防疫管理制度。

(三)制订产房卫生管理制度

①结合"全进全出"制度,用高压、热水冲洗产房地面及用具。

②采用喷灯等器械灼烧、消毒。

③地面撒布石灰粉。

④采用酚类等有效消毒剂。

⑤在转进母猪前,确保产房彻底干燥。

⑥产后第一周,保持产房干燥、清洁,并防止管理人员的鞋靴等用具带卵囊入产房,同时防止污道中粪污的传播。

(四)粪便管理

对粪便一定要按照环境卫生学的要求进行处理。防止感染源的存在,使仔猪在粪便方面的感染威胁减小到最小。可用堆积进行生物热的处理为化学处理。

(五)药物预防

通常还在饲料中添加一些化学预防药物,如断奶料同时添加土霉素不仅能防止一些细菌性腹泻,而且增重非常明显。同时,所用药物的种类要定期更换,以便延长药物的有效期限。

断奶仔猪的腹泻主要出现在断奶后4～10天,哺乳仔猪、育成猪和种猪没有明显病症。预防治疗着重抓断奶前后,在断奶前3～4天给予抗球虫药盐霉素直到断奶后,7～10天及以上,其他猪群每月投药1～2次,每次7天。以自然方法或人工方法在动物体内建立免疫力。

(六)治疗措施

①磺胺类药物。磺胺类药物主要作用于寄生虫的无性繁殖阶段,必须连续用药5～7天才有效。

②百球清妥曲珠利,托曲珠利,用基三嗪酮,托三嗪,可阻断球虫的整个生活周期,破坏球虫细胞内无性繁殖及有性繁殖阶段。

(七)球虫的免疫

我们发现国内外文献中极少有报告提及猪对猪球虫感染的免疫力问题和随年龄增长而出现的天然抵抗力问题。据分析认为,仔猪自然感染或人工接种了猪球虫后会产生对再次感染的强大抵抗力。重复感染后不表现临床症状,粪便中也极少甚至不排出卵囊。最近有实验结果表明,猪体非特异性免疫能力的成熟比特异性免疫机制在新生仔猪抗猪等孢球虫抵抗力的产生中起着更为重要的作用。

第二节　猪蛔虫病

猪蛔虫病是由蛔科、蛔属的猪蛔虫寄生在猪的小肠中而引起的一种常见的寄生虫病,主要危害仔猪,是猪常见的寄生虫病。本病流行和分布极为广泛,呈世界性分布。2～6月龄的小猪最易感染。当猪只感染后,生长发育不良,甚至可引起死亡。偶尔1月龄的仔猪也继发,因此该病对养猪业生产的发展有很大影响。

一、病因及流行病学特点

猪蛔虫的成虫寄生于猪小肠中,是一种大型线虫,新鲜虫体为淡红色或淡黄色,死后转为苍白色。虫体呈中间稍粗、两端较细的圆柱形(见彩页图16)。头端3个唇片,一片背唇较大,两片腹唇较小,排列成品字形。雄虫比雌虫小,体长15～20厘米,宽约0.3厘米,尾端向腹面弯曲,形似鱼钩。泄殖腔开口距尾端较近,有交合刺1对,一般是等长的,长0.2～0.25厘米,无引器。雌虫长20～40厘米,宽约0.5厘米,虫体较直,尾端稍钝。生殖器官为双管型,由后向前延伸,两条子宫合为一个短小的阴道,阴门开口于虫体前1/3与中1/3交界处附近的腹面中线上。肛门距虫体末端较近。猪蛔虫的受精卵大小为60～70微米×40～60微米,黄褐色或淡黄色,短椭圆形,卵壳厚,最外层为凸凹不平的蛋白膜。

雌虫产出大量的虫卵(1条雌虫1昼夜可产10万～20万个虫卵),随病猪的粪便排到外界污染水和土壤等。虫卵在10℃～37℃潮湿的环境里经15～30天可发育为感染性虫卵,被猪吞食后受到感染。卵中幼虫在小肠内逸出,钻入血管并从腹腔移行至肝,再随血液循环到肺脏,经细支气管、支气管移行到咽喉部,再吞咽到消化道,在小肠内经2～3个月发育为成虫,其寿命7～10个月。

蛔虫的生活史及感染途径主要是:随粪便排出的虫卵,在相宜的外界环境下,经11～12天发育为含有感染性幼虫的卵。这种虫卵被猪吞食后,在小肠中孵出幼虫,并进入肠壁的血管,随血液被带到肝脏,再继续沿腔静脉、右心室和肺动脉而移行到肺脏。幼虫由毛细血管进入肺泡,在此度过一定时期的发育阶段,此后再沿气管上行,后随黏液进入会厌,经食管而至小肠。在小肠中发育为成虫。

猪蛔虫病流行十分广泛,尤其仔猪,几乎均有感染,3～5月龄的仔猪最容易感染。主要原因:一是生活史简单,不需要中间宿主。二是繁殖力强,产卵多。每条雌虫每日可产 10 万～20 万个虫卵,产卵盛期每日可产卵 100 万～200 万个。三是虫卵对外界环境的抵抗力强。猪感染蛔虫主要是由于采食了被感染性虫卵污染的饲料(包括生的青绿饲料)饮水或母猪的乳房沾染虫卵后,仔猪吮乳时受到感染。

饲养管理不善,卫生条件差,营养缺乏,饲料中缺少维生素和矿物质,猪只过于拥挤的猪场发病更加严重。由于病猪死亡率低,畜主往往忽视驱虫,这也是造成本病广泛流行的原因之一。

二、临床症状及病变

(一)临床症状

仔猪在感染早期(约一周以后)即幼虫移行期间,肺炎症状明显,有轻度的湿咳,体温 40℃左右,较为严重的病猪,精神沉郁,呼吸及心跳加快,食欲不振,或食欲时好时坏,有异嗜癖,营养不良,消瘦,贫血,被毛粗乱,或有全身性黄疸,有的病猪生长发育长期受阻,变为僵猪。感染严重时,呼吸困难、急促而不规律,常伴发声音沉重而粗哑的咳嗽,并有呕吐、流涎、腹泻等症状。可能经 1 周～2 周好转,或渐渐虚弱,趋于死亡。

如果成虫大量寄生时,常扭转成团导致肠道堵塞,此时病猪表现为剧烈的腹痛,食欲废绝,严重的造成肠壁破裂,若没有及时发现可导致死亡。有时蛔虫进入胆总管,引起胆道蛔虫病,或者进入胰管,堵塞胰管,由此引发胰管和胰脏的疾病。猪初腹泻,体温升高,不吃,以后体温下降,卧地不起,腹部剧烈疼痛,四肢乱蹬,多经 4～8 天死亡。

(二)病理变化

1.幼虫 幼虫移行至肝脏时,引起肝组织出血、变性和坏死,形成云雾状的蛔虫斑,直径约 1 厘米。移行至肺时,引起蛔虫性肺炎。

2. 成虫　成虫寄生在小肠时机械性地刺激肠黏膜,引起腹痛。蛔虫数量多时常凝集成团,堵塞肠道,导致肠破裂。有时蛔虫可进入胆管,造成胆管堵塞,引起黄疸等症状。

成虫能分泌毒素,作用于中枢神经和血管,引起一系列神经症状。成虫夺取宿主大量的营养,使仔猪发育不良,生长受阻,被毛粗乱,常是造成"僵猪"的一个重要原因,严重者可导致死亡。

三、诊断技术

(一)虫体特征

猪蛔虫新鲜虫体呈粉红稍带黄白色,体表形似蚯蚓、前后两头稍尖的圆柱状大型线虫。雄虫长 12～25 厘米,尾端向腹部卷曲。雌虫长 30～35 厘米,后端直而不卷曲。

(二)生活史

1 条成熟雌虫 24 小时内可产卵 10 万～20 万个,随粪便排出的新鲜虫卵,在适宜的温度与湿度下,经 3 周左右发育成为成熟虫卵后才能感染猪只。具有感染性的虫卵,随着饲料或饮水被猪吞食后,先入胃肠,在小肠中幼虫逸出卵壳后钻入小肠壁,随血液或直接经组织而进入肝脏,再随血液经右心室而达肺脏,如不能到达肺脏时即死亡。幼虫至肺微血管中后稍停留一段时期再经肺泡上行到气管中,由咳嗽等动作而再被吞咽,经食管、胃再至小肠中长大而成成虫。一个感染性虫卵从猪吃后到发育成成虫,需 2～2.5个月。一般在猪小肠中寄生期为 7～10 个月,最后随粪便自然排出体外。

(三)剖检变化

送检的已死仔猪进行解剖检查:在胃及小肠中有 30 多条大小不等的虫体,有数条最大的已达 30 厘米长,小的有 5 厘米。肝脏表面有小点状出血,也有大小不等的白色坏死灶。经感染程度多少判定,若虫体寄生少时,一般无显著病变。如多量感染时,初期多表现肺炎病变,肺的表面或切面出现暗红色斑点。由于幼虫的移行,常在肝上形成不定型的灰白色斑点及硬变,如蛔虫钻入胆管,可在胆管内发现虫体。如大量成虫寄生于小肠时,可见肠黏膜卡他性炎症。如由于虫体过多引起肠阻塞而造成肠破裂时,可见到腹膜炎和腹腔出血。

(四)诊 断

根据临床症状和粪便检查发现虫卵及病理剖检确诊。

1. 细菌学检查 无菌采取病死猪的心、血、肝、脾组织触片,革兰氏或瑞士染色镜检,未发现细菌。将病死猪的心血、肝、脾组织分别接种于鲜血琼脂平板和麦康凯琼脂平板培养基上做细菌分离培养,于37℃温箱中培养24~48小时,未见细菌生长。

2. 寄生虫检查 分别收集母猪和仔猪的新鲜粪便2~5克,用饱和盐水浮集法浮集虫卵,然后在显微镜下检查,结果发现母猪粪便在显微镜的视野中有数个椭圆形的、黄褐色虫卵,虫卵的外壳较厚,最外层有凸凹不平的蛋白膜。在仔猪的粪便中未发现虫卵。

根据临床症状、剖检变化和实验室检验,可诊断为蛔虫感染。

四、防治措施

(一)控制措施

1. 要达到猪场无蛔虫的危害,必须做到以下3点

①制定一个恰当的驱虫方案。

②选择一种合理的驱虫药物。

③猪场做好卫生管理。

2. 成功控制寄生虫的两个基本原则

①阻断寄生虫从母猪垂直向仔猪传播。

②防止猪在生长肥育阶段再感染。

3. 合理的驱虫药物所具备的条件

①必须能够快速在血液中达到血药浓度,精准有效地驱除蛔

虫。

②驱虫药物要有足够长的有效期,必须持续作用 15 天以上。

③安全、副作用小,对妊娠母猪无影响,刺激性小。

(二)预　防

1. 驱虫　定期按计划驱虫。

2. 避免猪粪污染　仔猪断奶后尽可能饲养在没有蛔虫卵污染的圈舍或猪场。

3. 保持猪舍和运动场清洁　猪舍应通风良好、阳光充足,避免阴暗、潮湿和拥挤。猪圈内要勤打扫,勤冲洗,勤换垫草。运动场保持清洁卫生。定期消毒。场内地面保持平整,周围须有排水沟,以防积水。

4. 猪粪的无害化处理　猪的粪便和垫草清除出圈后,要运到距猪舍较远的场所堆积发酵,或挖坑沤肥,以杀灭虫卵。

5. 严格控制引入病猪　在已控制或消灭猪蛔虫病的猪场,引入猪只时,应先隔离饲养,进行粪便检查,发现带虫猪时,须进行 1～2 次驱虫后再与本场猪并群饲养。

(三)治　疗

1. 驱虫理念　定时驱虫,统一驱虫。

2. 驱虫模式

(1)妊娠母猪　产仔前 15 天驱虫 1 次。

(2)断奶仔猪　断奶后 15 天驱虫 1 次。

(3)其他猪群　每 2 个月驱虫 1 次。

3. 驱虫药物

①威远金伊维(0.2%),仔猪每吨饲料 1 千克,肥育猪每吨饲料 2 千克,种猪每吨饲料 2.5～3 千克。

②皮下注射出口型金伊维,为每千克体重 0.3 毫克,2 次为 1 个疗程。

③爱普利注射液,1 毫升/35 千克体重每周注射 1 次,2 次为 1

个疗程。

④敌百虫,0.1克/千克体重(但总剂量最多不超过10克),拌入少量精料中空腹喂服。对个别服药后出现流涎、呕吐、腹泻、肌肉震颤等不良反应的猪,可用硫酸阿托品做肌内注射。

⑤噻嘧啶(抗虫灵),每千克体重30～40微克,拌料。

⑥左旋咪唑,每千克体重4～6毫克,肌内注射;每千克体重8毫克,口服。

⑦丙硫苯咪唑,每千克体重10～20毫克,一次口服。

⑧伊维菌素(害获灭、伊福丁、伊力佳等),每千克体重0.3毫克,皮下注射;商品为1%溶液,可按每33千克体重注射1毫升计算。

⑨驱虫净(四咪唑),按15毫克/千克体重,混合少许精料中喂服。

⑩驱蛔灵(哌嗪)。枸橼酸哌哔嗪0.3克/千克体重;或磷酸哌哔嗪:0.25克/千克体重,口服,每日1次,连服2～3次。

⑪中药用石榴皮、使君子各15克,乌梅3个,槟榔13克,煎汤,空腹一次灌服。

第三节　猪结节虫病

猪食管口线虫俗称结节虫病。它是有齿食管口线虫和长尾食管口线虫寄生在猪的结肠里而引起的一种线虫病。其成虫寄生于肠道内,而幼虫寄生在大肠壁内并形成结节。

一、病因及流行病学特点

成虫乳白色,长约15毫米,是一种小型线虫,雌雄异体。虫卵呈椭圆形,内含卵细胞。

寄生在病猪肠内的雌虫产卵后,虫卵随粪便排出体外。在适宜的温度和湿度环境里(26℃～27℃),经 7～8 天,幼虫孵出并发育成感染性幼虫。当猪经饲料、饮水或粪土等吞食了感染性幼虫后,幼虫进入猪的肠腔,钻入结肠黏膜而形成结节,并在其中经 1 周或稍长时间,继续发育蜕化为后期幼虫。幼虫再从肠壁的结节中钻出,在肠腔里经过 2～3 周,发育成熟。从幼虫侵入猪体至成虫排卵需 50～53 天。

二、临床症状及病变

猪轻度感染时,不显症状,若有大量感染性幼虫侵入猪体并钻入肠壁,破坏肠黏膜形成结节时(见彩页图 17),可引起肠炎和溃疡,造成急性顽固性腹泻,粪便黏液呈现绿色,有时带血。病猪可表现为腹痛,伸展后肢,拱背,体温可能升高,食欲不振,消瘦等。严重者可致死。若转为慢性时,常常出现间歇性腹泻、瘦弱、虚脱等症状。若继发细菌感染,可发生脓性结肠炎,引起仔猪死亡。

三、诊断技术

可采取新鲜粪便,用饱和盐水漂浮法检查粪便中有无虫卵。还可察看粪便中是否有自然排出的虫体。虫卵不易鉴别时,可培养检查幼虫。幼虫尾部呈圆锥形,顶端呈圆形。

四、防治措施

(一)治 疗

1. 左旋咪唑 8～10 毫克/千克体重,一次口服。

2. 丙硫苯咪唑 5～10 毫克/千克体重,一次口服。

3. 伊维菌素 0.2～0.4 毫克/千克体重,一次颈部皮下注射。

4. 阿维菌素 每 30 千克体重 1 毫升(1%)颈部皮下注射。

(二)预 防

本病的预防应注意搞好猪舍和运动场的清洁卫生,保持干燥,及时清理粪便,堆积发酵,进行生物热灭虫卵。保持饲料和饮水的清洁,避免污染。做好计划性驱虫。

第四节　猪类圆线虫病

猪类圆线虫病是由革兰氏类圆线虫寄生于仔猪小肠引起,对仔猪影响很大,不但影响生长,甚至造成大批死亡,并且有可能传染给人。

一、病因及流行病学特点

猪类圆线虫病,未见有雄虫寄生的报道,只有孤雌生殖的雌虫。虫体细小,乳白色。长 3.1～4.6 毫米,宽 0.055～0.080 毫米;虫卵大小为 42～53 微米×24～32 微米。

雌虫在宿主小肠内产卵和一期幼虫的虫卵,虫卵随粪便排出体外,在外界环境中孵出第一期幼虫(杆虫型幼虫)。杆虫型幼虫的发育有直接和间接两种类型。在不适宜的外界环境条件下(温度低于 25℃,营养环境不合适)进行直接发育,直接发育成具有感染性的第三期幼虫(丝虫型幼虫);在适宜的条件下进行间接发育,杆虫型幼虫在 48 小时内变为性成熟和自由生活的雌虫和雄虫,交配后,雌雄虫产含第一期幼虫的卵,之后发育为具有感染性的丝虫型幼虫。两种发育方式可以在外界的粪便和土壤中同时进行。只有丝虫型幼虫对猪具有感染性,可经皮肤或经口感染。通过皮肤感染时,虫体在体内移行,通过血液循环到心、肺后通过肺泡到支气管、气管再到咽,被吞咽后,到小肠发育为成虫。经口感染时,幼虫从胃黏膜钻入血管,以后的移行途径同皮肤感染。本病多流行于夏季和雨季,猪圈卫生不良且潮湿时,流行比较普遍。主要是乳猪(1 月龄左右)感染率高,2～3 月龄后逐渐减少。仔猪可从猪舍的土壤中经皮肤感染,也可从母猪被污染的乳头经口感染。

二、临床症状及病变

皮肤有湿疹，可见肺部充血、出血（见彩页图18），支气管黏膜充血，小肠充血、出血、溃疡，十二指肠扩张，内含有白色水样物。

当大量感染时，仔猪表现消瘦、贫血、呕吐、腹痛，最后多因极度衰竭而死。少量寄生时，无明显症状，只见发育迟缓。丝虫型幼虫侵入成年猪，常不能发育到性成熟。

三、诊断技术

结合发病年龄、卫生情况等流行病学因素和临床进行分析，若怀疑为本病，确诊须做如下检查。

（一）检查虫卵

虫卵检查须用新鲜排出的粪便，采用饱和盐水漂浮法检查，虫卵小，椭圆形，内含1个卷曲的幼虫。

（二）检查幼虫

若采集新鲜粪便不易，对放置过久的粪便可采用幼虫检查法，将粪便放置5～15小时，发现幼虫即可确诊。

（三）死后剖检

尸体剖检刮取十二指肠黏膜，置清水中仔细检查，可发现细小的寄生雌虫。也可压片镜检，发现大量雌虫即可确诊。

四、防治措施

（一）治　疗

对临床上腹泻严重的猪只，除采用驱虫药物预防外，同时进行强心、补液等辅助治疗，常用的驱虫药有如下几种：

1. 丙硫苯咪唑　按7～10毫克/千克体重，拌料一次投服。

2. 左旋咪唑　按8毫克/千克体重，拌料一次投服。

3. 噻苯达唑　按50毫克/千克体重，拌料一次投服。对严重感染的猪,按饲料量的 0.01% 加入,连用 14 天。

4. 伊维菌素 按 0.2～0.4 毫克/千克体重一次注射。

5. 阿维菌素(1%) 按 1 毫升/30 千克体重颈部皮下注射。

(二)防治措施

保持猪圈及周围环境干燥、清洁是预防本病流行的重要措施,无论是虫卵还是感染性幼虫均易在潮湿环境中生存,因此在多雨和潮湿季节更应注意圈舍卫生,经常用苯酚溶液、2% 氢氧化钠或石灰水消毒地面和用具。病猪应及时隔离。带仔母猪的奶头要经常清洗。

第五节 猪鞭虫病

猪毛首线虫病俗称猪鞭虫病,是由猪毛首线虫寄生在猪的大肠(主要是盲肠)内引起的一种线虫病。虫体前部细长,后部粗短,形似鞭子,故又称猪鞭虫。本虫分布广泛,主要危害仔猪,严重时可引起猪大批死亡,给养猪业造成较大经济损失。

一、病因及流行病学特点

猪鞭虫(毛首线虫)的成虫呈乳白色,前部细长为食管部,后部短而粗为体部,整个虫体外形很像一根赶羊的鞭子(见彩页图19),故称鞭虫。雌雄异体,雌虫尾端直,雄虫尾端向内卷曲。虫卵呈腰鼓状,两端有塞状构造,壳厚,外壳光滑,黄褐色,虫卵内含未发育的卵胚,虫卵抵抗力强,可经受寒冷和冰冻,一般在自然状态下可生存 5 年之久。

成虫寄生在猪的盲肠和结肠内。雌虫产出虫卵随粪便排出体外,在适宜的条件下发育为感染性虫卵,被猪吞食后,在猪的小肠内蜕化发育,然后移行到盲肠及结肠内,附着在肠黏膜下,在感染后 30～40 天发育为成虫。

二、临床症状及病变

毛首线虫以头部钻入肠黏膜,引起盲肠及结肠发炎,同时分泌毒素,引起猪中毒。一般感染时无临床症状,严重感染时有肠卡他性炎症,引起机体消瘦和贫血,排稀便,粪便有时带血液和黏液,猪可呈顽固性腹泻。病变可见在盲肠内有许多鞭虫寄生。猪盲肠呈慢性黏膜炎症。

三、诊断技术

通过粪便检查虫卵,可见腰鼓样两端有栓塞的棕黄色鞭毛虫卵;尸体解剖时,如在盲肠内检查到鞭虫,即可做出诊断。

四、防治措施

治疗可用下列药物:丙硫苯咪唑或左旋咪唑,剂量为 10～15 毫克/千克体重,内服。也可用伊维菌素,剂量为 0.2 毫克/千克体重,皮下注射。

预防本病要搞好猪场的清洁卫生,粪便要进行热发酵处理。猪舍、料槽及运动场要定期消毒,对猪群要定期预防性驱虫。